# COMMISSION GÉOLOGIQUE DU CANADA

## ESQUISSE GÉOLOGIQUE

# CANADA

SUIVIE D'UN

## CATALOGUE DESCRIPTIF

DE LA

Cartes et Coupes géologiques, Livres imprimés,
Fossiles et Minéraux économiques envoyée
à l'Exposition universelle de 1867.

MEMBRES DE LA COMMISSION GÉOLOGIQUE DU CANADA

WILLIAM E. LOGAN, F. R. S.; Directeur.
ALEXANDER MURRAY, Aide-Géologue.
T. STERRY HUNT, F. R. S., Chimiste et Minéralogiste.
E. BILLINGS, F. G. S., Paléontologiste.

PARIS

GUSTAVE BOSSANGE

55, QUAI VOLTAIRE

1867

# ESQUISSE GÉOLOGIQUE

# DU CANADA

SUIVIE D'UN

## CATALOGUE DESCRIPTIF

DE LA

Collection de Cartes et Coupes géologiques, Livres imprimés,
Roches, Fossiles et Minéraux économiques envoyée
à l'Exposition universelle de 1867.

OFFICIERS DE LA COMMISSION GÉOLOGIQUE DU CANADA

SIR WILLIAM E. LOGAN, F. R. S., Directeur.
ALEXANDER MURRAY, Aide-Géologue.
D. T. STERRY HUNT, F. R. S., Chimiste et Minéralogiste.
E. BILLINGS, F. G. S., Paléontologiste.

PARIS

GUSTAVE BOSSANGE

25, QUAI VOLTAIRE

—

1867

C.

# DESCRIPTION GÉOLOGIQUE

# DU CANADA

Le Canada se trouve compris dans le grand bassin hydrographique du Saint-Laurent. La superficie de ce bassin est d'environ 530,000 milles, dont le golfe du Saint-Laurent et le fleuve avec ses grands lacs, y compris le lac Supérieur, couvrent 130,000 milles. Si l'on y ajoute les 70,000 milles appartenant au territoire des Etats-Unis, il restera au Canada environ 280,000 milles de terre ferme au nord du fleuve, et 50,000 milles au sud dans la partie orientale de la province. Le Canada se divise naturellement en trois régions géographiques, qui correspondent à autant de grandes divisions géologiques. Au nord du fleuve, une région montagneuse s'étend des côtes du Labrador au lac Huron, et, de là, jusqu'à la mer arctique, loin des limites du Canada, dont elle occupe cependant 200,000 milles, soit près des six dixièmes. Ces montagnes sont connues sous le nom de Laurentides, et la partie du Canada qu'elles recouvrent sera désignée sous la dénomination de région laurentienne. Cette région présente une surface très-accidentée, avec grand nombre de petits lacs, et des hauteurs qui atteignent jusqu'à trois et quatre mille pieds : généralement très-bien boisée, elle est, pour la plus grande partie, à l'état de forêt. Elle se rattache, par une lisière étroite et peu élevée, au massif des Adirondacks, qui occupent une superficie d'environ 10,000 milles dans la partie nord de l'état de New-York.

La région au sud des Laurentides est un pays plat, formant une vaste plaine, qui s'étend depuis le golfe jusqu'aux grands lacs. Resserrée dans sa partie inférieure par les montagnes au sud du fleuve, elle s'élargit vers le sud-ouest, et comprend toute la région entre les lacs Ontario, Erié et Huron. Cette grande plaine, dont la superficie est de 100,000 milles, a une pente très-douce depuis les grands lacs; de sorte que le lac Supérieur, à la tête du fleuve, n'est élevé que de 600 pieds au-dessus du niveau de la mer.

La partie orientale du Canada qui se trouve au sud du fleuve, est traversée par une chaîne de montagnes depuis le Vermont jusqu'à la Gaspésie. Ces montagnes, qui ne sont qu'une prolongation de celles de l'état de Vermont, font partie de la grande chaîne des Apalaches, qui s'étend jusqu'a l'état d'Alabama, près du golfe du Mexique. Cette région montagneuse occupe environ un dixième de la province et comprend ce que l'on nomme les cantons de l'Est. Elle sera désignée, dans cette description, sous le nom de la région apalachienne du Canada. De même que la région laurentienne, elle présente des montagnes aux formes arrondies, et beaucoup de petits lacs.

Avant d'aller plus loin, nous donnons les noms des principaux terrains géologiques du Canada, qui sont, comme il suit, dans l'ordre ascendant :

VIII. — CARBONIFÈRE.

VII. — DÉVONIEN.

VI. — SILURIEN SUPÉRIEUR.

V. — SILURIEN MOYEN.

IV. — SILURIEN INFÉRIEUR.

III. — HURONIEN.

II. — LAURENTIEN SUPÉRIEUR OU LABRADORIEN.

I. — LAURENTIEN INFÉRIEUR.

# TERRAINS LAURENTIENS

Sous le nom de terrain laurentien, la Commission géologique de Canada a d'abord compris deux séries distinctes de roches, dont l'une repose en stratification discordante sur l'autre, et qu'elle a plus tard distinguées comme laurentien inférieur et laurentien supérieur ou labradorien. La première de ces deux séries correspond au gneiss primitif (*Urgneiss*) de la Scandinavie et de la côte occidentale de l'Écosse. Après avoir étudié avec soin cet ancien système gneissique dans l'Amérique du Nord, la Commission géologique du Canada lui a donné le nom de système laurentien, tiré des montagnes Laurentides. Déjà, en 1855, nous avons exprimé la conviction de son identité avec le gneiss primitif de ces pays européens, identité d'ailleurs constatée depuis par sir R. Murchison pour l'Écosse. Plus récemment encore, MM. Gumbel et de Hochstetter, après une étude approfondie du gneiss ancien de la Bavière et de la Bohême, ont énoncé son identité avec le terrain laurentien du Canada, conclusion que le premier de ces savants a de plus appuyée par une comparaison des restes organiques des deux régions.

Le laurentien inférieur se compose de schistes cristallins, dont une forte partie de gneiss, parfois granitoïde, avec quartzites, souvent de conglomérats, de schistes amphiboliques et micacés, de roches pyroxéniques, ophiolites et calcaires quelquefois magnésiens. Ces calcaires, ordinairement très-cristallins, se trouvent réunis en trois grandes formations distinctes, ayant chacune un volume moyen de 1,000 à 1,500 pieds, et séparées par des masses encore plus considérables de gneiss et de quartzite. L'épaisseur mesurée de cette série, sur l'Ottawa, dépasse 20,000 pieds, ce qui est probablement loin de représenter le volume total du système, qu'on suppose ne pas avoir, en Bavière, moins de 90,000 pieds. Dans le comté de Hastings, au nord du lac Ontario, l'on trouve, reposant en stratification concordante sur des gneiss laurentiens, une série d'au moins 20,000 pieds de schistes cristallins, comprenant une grande épaisseur de calcaires impurs et de schistes calcaires, et se terminant dans une forte masse de roches dioritiques. Il paraît établi que cette série, qui diffère sensiblement par la succession des couches et par ses caractères lithologiques de celle décrite plus haut, appartient aussi au laurentien inférieur, dont elle formerait un membre plus élevé; ce qui porterait à 40,000 pieds, au moins, l'épaisseur connue de ce système en Canada.

Le terrain laurentien supérieur ou labradorien se trouve, comme nous l'avons déjà dit, reposant, sous forme de lambeaux, en stratification discordante sur le laurentien inférieur, tant sur la série de Hastings que sur celle de l'Ottawa, où il occupe souvent des largeurs de plusieurs milles. Il se rencontre par intervalles depuis le lac Huron jusqu'aux côtes du Labrador, et se reconnaît partout par ses caractères lithologiques. Ce terrain labradorien renferme des gneiss à orthose, avec quartzites et calcaires cristallins, mais son élément prédominant est une anorthosite, ou roche composée essentiellement d'un feldspath du sixième système, avec un mélange de pyroxène, ayant souvent la forme d'hypersthène. Cette anorthosite est quelquefois gnessoïde, et même à grains fins; mais elle prend assez fréquemment une structure granitoïde, avec de grandes formes clivables du feldspath. Celui-ci est ordinairement de l'andésite ou de la labradorite, dont il offre quelquefois de belles variétés opalescentes semblables à celles apportées du Labrador. L'épaisseur atteinte par le terrain laurentien supérieur n'est pas certaine, mais elle dépasse probablement 10,000 pieds. Le laurentien inférieur n'offre rien de semblable aux anorthosites du laurentien supérieur, qui forment les sommets les plus élevés des monts Adirondacks, et semblent identiques aux hypersthénites des îles Hébrides de l'Écosse, décrites par Mac Culloch.

Les calcaires du laurentien inférieur du Canada renferment des restes organiques, se rapportant principalement à un organisme étudié et décrit par le D$^r$ J. W. Dawson, de Montréal, qui lui a donné le nom de *Eozoön Canadense*. C'est un rhizopode calcaire, ou foraminifère, de grandes dimensions, qui, d'après le Dʳ Dawson et le Dʳ Carpenter de Londres, offrirait, quant à sa forme extérieure, de grandes analogies avec les genres Polytrema et Carpentaria, mais qui, dans sa structure intime, se rapprocherait davantage des Calcarina et des Nummulina. On a déjà trouvé ce fossile en plusieurs localités ; à Grenville et dans la seigneurie de la Petite-Nation sur l'Ottawa, il abonde dans la troisième formation calcaire du système laurentien. Son squelette calcaire se trouve ordinairement rempli et injecté de différents silicates, qui ont remplacé le sarcode absolument comme la glauconie dans les foraminifères moins anciens, conservant ainsi jusqu'à la structure nummuline des parois des chambres. Le silicate injecteur est ordinairement la serpentine, mais quelquefois le pyroxène ou la loganite, espèce très-rapprochée, par sa composition, de la pyrosclérite. On a également trouvé l'Eozoön dans les calcaires de la série de Hastings, pénétré, non par des silicates, mais par le calcaire argileux et noirâtre qui l'enveloppe.

M. Gumbel vient de constater, dans les calcaires laurentiens de la Bavière, la présence de ce même foraminifère, injecté de serpentine ou d'amphibole, et associé à d'autres restes organiques, dont les caractères ne sont pas encore bien déterminés, mais qui se rencontrent aussi dans les calcaires semblables du Canada, où M. Dawson a découvert, tout récemment, des spicules des éponges. Les roches du système laurentien ne s'appelleront plus désormais azoïques mais bien éozoïques. On n'a pas encore trouvé des restes organiques dans les calcaires du terrain labradorien : il est vrai que jusqu'à présent ces calcaires n'ont été que très-peu étudiés.

La minéralogie du terrain laurentien de l'Amérique du Nord offre beaucoup d'intérêt. Associées aux diverses formations calcaires du laurentien inférieur, se trouvent des couches de roches pyroxéniques, amphiboliques, ophiolitiques, épidotiques, chloritiques et talqueuses, dans lesquelles sont souvent enclavées de fortes masses stratifiées de fer oxydulé et de fer oligiste. Ces minerais sont quelquefois mélangés de graphite, qui d'ailleurs se trouve souvent disséminé en forte proportion à travers des épaisseurs considérables des calcaires et leurs roches associées, ainsi que sous forme de couches; le graphite étant alors compacte et plus ou moins impur. On rencontre également la chaux phosphatée cristalline disséminée ou formant de petites couches interrompues tant dans les fers oxydulés et dans les pyroxénites que dans les calcaires. La liste des minéraux des calcaires laurentiens comprend, du reste, presque toutes les espèces constatées dans ceux de la Scandinavie. Elles se trouvent disséminées dans les couches, aussi bien que remplissant des filons, qui traversent les calcaires ainsi que leurs roches associées. Parmi les espèces caractéristiques, on peut nommer les suivantes : calcite, fluorine, apatite, wollastonite, pyroxène, amphibole, chondrodite, phlogopite, orthose, oligoclase, scapolite, tourmaline, grenat, idocrase, épidote, allanite, sphène, spinelle, zircon, corindon, magnétite, ilménite, fer oligiste, pyrites et graphite. Toutes ces espèces se rencontrent à la fois dans les filons et dans les couches voisines. Dans certains filons, qui ont souvent de grandes dimensions, le carbonate de chaux prédomine au point de donner à la masse un tel aspect de calcaires cristallins, que quelques géologues ont été portés à considérer ces filons comme des calcaires d'épanchement. D'autres filons, par suite de la prédominance du feldspath et du quartz, souvent avec tourmaline et même avec cymophane, passent aux filons granitiques. Toutes ces masses cristallines sont évidemment formées par dépôts aqueux dans les fissures des couches. M. Sterry Hunt les distingue par le nom de *roches endogènes*, de même qu'il appelle des sédiments en place, *roches indigènes*, et les roches d'épanchement, *roches exotiques*.

Quelques-uns de ces filons ont déjà été exploités pour le mica (phlogopite), le graphite et l'apatite. Des filons, dans les calcaires laurentiens, ont d'ailleurs fourni des minerais de cuivre, de cobalt et nickel, auxquels on peut ajouter le molybdène, l'arsenic, l'antimoine, le bismuth, et même l'or, qu'on a trouvé tout récemment, dans le canton de Madoc, dans un filon de dolomie ferrugineuse traversant un gneiss chloritique. Des échantillons de ce spath cristallin renferment de l'or visible en grande quantité. Une autre partie du même filon, à l'état de décomposition, présente l'or disséminé dans un oxyde de fer terreux, ainsi que dans une matière noire, charbonneuse et combustible, qui paraît avoir incrusté les parois de la fissure avant le dépôt de l'or avec la dolomie. Cette substance noire, pénétrée de lamelles d'or, ressemble assez à des matières provenant de l'oxydation du bitume sous des conditions qui paraissent identiques, dans des terrains plus récents. De petites quantités d'or ont aussi été trouvées dans d'autres endroits de la région laurentienne. L'antiquité de ce filon aurifère est encore à déterminer ; mais il paraît que les filons avec apatite et graphite sont plus anciens que l'époque silurienne, tandis que beaucoup d'autres filons, riches en galène, traversent à la fois le terrain laurentien et les formations siluriennes inférieures.

La minéralogie du terrain laurentien supérieur est peu connue, mais il paraît que les calcaires de ce terrain renferment un grand nombre des minéraux des calcaires inférieurs. De plus, on trouve dans anorthosites du système, beaucoup de fer titané, soit disséminé, soit enclavé sous forme de masses considérables, quelquefois mélangées de rutile. Une étude détaillée de la minéralogie des calcaires laurentiens par M. Sterry Hunt, se trouve dans le rapport de la Commission géologique du Canada, 1863-66, pages 181-233.

Le terrain laurentien inférieur est affecté par beaucoup d'ondulations qui ont redressé les couches, en les rendant quelquefois presque verticales. La direction moyenne de ces plissements est à peu près nord et sud, mais des ondulations secondaires, de l'est à l'ouest, apparaissent dans la région au nord de l'Ottawa, la seule où, jusqu'à présent, on a pu étudier la structure intime de ce terrain: elle se trouve représentée avec détail dans une carte spéciale du terrain laurentien, qui accompagne la collection de la Commission géologique. Les couches du laurentien supérieur sont également redressées à angles élevés ;

mais on n'a pas encore étudié la structure de ce terrain, qui a évidemment subi une partie des mouvements ayant affecté le terrain inférieur. Celui-ci est traversé en plusieurs localités par des roches ignées, et on en a constaté au moins quatre époques d'épanchement, dont trois sont antérieures à la période silurienne. Ces roches éruptives sont des syénites, des porphyres quartzifères et des dolérites.

## TERRAIN HURONIEN

Sous le nom de terrain huronien, nous avons désigné une série de roches plus ou moins altérées, reposant en stratification discordante sur le terrain laurentien inférieur, et probablement aussi sur le terrain labradorien. Cette série se compose de quartzites, de schistes plus ou moins chloriteux ou épidotiques, quelquefois avec serpentines impures, et avec diorites, qui constituent des masses très-importantes dans la série. Les quartzites, ainsi que les schistes chloritiques, renferment souvent des cailloux roulés, dont un grand nombre dérive du gneiss laurentien. Ce terrain huronien comprend, d'ailleurs, une bande d'environ 300 pieds de calcaire grenu, impur, et souvent très-siliceux. Le terrain huronien, sur le lac Huron, a une épaisseur d'environ 18,000 pieds. Il est aussi rencontré sur l'Ottawa et, de là, il s'étend jusqu'à l'ouest du Mississipi, quoique recouvert, en grande partie, par des terrains paleozoïques. Il paraît ne pas exister dans la région orientale du Canada; mais des observations récentes faites dans l'île de Terre neuve et dans la Nouvelle-Écosse, y ont démontré l'existence de roches qu'on a rapportées à ce terrain ancien, qui paraît d'ailleurs correspondre aux schistes primitifs (*Urschiefer*) de la Scandinavie.

On n'a pas encore trouvé de fossiles dans ce terrain, dont les roches dioritiques abondent en minerais métalliques, parfois disséminés, mais le plus souvent répandus dans des filons qui,

dans une gangue de quartz, renferment beaucoup de minerais
de cuivre, et sont exploités avec de grands bénéfices. On y a
aussi trouvé du nickel et du cobalt. Des masses considérables
de fer oligiste schisteux sont enclavées dans ce terrain huronien
sur la rive nord-est du lac Supérieur et, plus abondamment
encore, au sud, où se rencontrent les fameuses mines de fer
de Marquette. Ce terrain est plus ou moins affecté par des ondulations antérieures à l'époque silurienne. Une carte détaillée,
indiquant sa structure dans la région voisine des lacs Supérieur
et Huron, est exposée par la Commission géologique.

## TERRAINS PALÉOZOIQUES

La région des terrains paléozoïques du Canada n'est
qu'une portion de celle des États-Unis, et elle présente de
très-grandes différences géologiques et lithologiques dans
diverses parties de son étendue. Au commencement de l'époque silurienne, lorsque le noyau du continent actuel se com-
posait de terrains laurentien et huronien, partie en forme de
montagnes et partie en région peu élevée, il se formait, dans
l'océan environnant, une première série de couches fossilifères
appartenant au silurien inférieur. A cette formation paraît
avoir succédé une dépression du niveau du continent, qui
aura permis le dépôt, sur les parties les moins élevées de sa
surface, des grès de la formation de Potsdam et des dolomies
de la formation dite Calcifère, qui sont, l'une et l'autre, des
membres inferieurs de la série décrite par les géologues de
New-York. Des sédiments caractérisés par une faune assez
semblable, mais d'une composition lithologique très-différente,
se déposaient en même temps dans les régions océaniques plus
profondes, qui environnaient le plateau du continent à demi
submergé. Succédant à la formation Calcifère, sur laquelle elle
repose en stratification concordante, se trouve, dans la série
de New-York, un calcaire fossilifère désigné sous le nom de

formation de Chazy. Il paraît cependant, après de longues études stratigraphiques et paléontologiques, qu'il y a eu, entre le dépôt de ces deux formations successives, un intervalle assez prolongé pour permettre l'accumulation, dans les mers voisines, d'une série de sédiments ayant une épaisseur d'au moins 10,000 pieds, à laquelle nous avons donné le nom de groupe de Québec. Cette série forme la région apalachienne du Canada et de l'état de Vermont, ainsi que le terrain métallifère du lac Supérieur.

Déjà, au début de la période silurienne, a commencé un grand mouvement de la croûte terrestre ayant eu pour résultat une série d'ondulations, avec grandes dislocations et soulèvements, qui sembleraient indiquer que les anciennes couches paléozoïques du bassin océanique avaient été refoulées contre la côte orientale du continent laurentien. Ce mouvement, qui ne paraît avoir été que la suite de celui qui aura causé les ondulations du terrain laurentien, s'est continué, par intervalles, jusqu'à la fin de la période paléozoïque, et il a eu pour résultat de diviser la grande superficie paléozoïque de l'Amérique du Nord en deux bassins. Celui de l'est comprend les formations antérieures à la période de celle de Chazy, plissées, bouleversées et plus ou moins altérées, sur lesquelles reposent, en stratification discordante, des étendues de couches appartenant au silurien supérieur, au dévonien, au carbonifère et même au mésozoïque. Dans le bassin occidental, au contraire, les formations, depuis le Chazy jusqu'au terrain houiller, se succèdent, sans discordance, et se trouvent beaucoup moins tourmentées et peu altérées. Pour mieux faire ressortir les relations des diverses formations du silurien inférieur dans les deux bassins, nous donnons, sous forme tabulaire, la succession complète qui, jusqu'à présent, n'a été trouvée nulle part réunie, à côté de la série telle qu'elle se rencontre dans les deux bassins occidental et oriental. Nous y ajoutons la succession telle qu'elle paraît exister dans l'île de Terreneuve, qui appartient en grande partie au dernier bassin, mais qui offre une série plus complète que la partie orientale du continent. Nous donnons aussi les équivalents anglais de ces divisions du silurien inférieur de l'Amérique. Les données paléontologiques sur lesquelles on s'est appuyé pour établir les relations du groupe de Québec avec les formations supérieures et inférieures ont été fournies par les études de M. E. Billings.

| ÉQUIVALENTS ANGLAIS | SÉRIE COMPLÈTE | BASSIN OCCIDENTAL | BASSIN ORIENTAL | ILE DE TERRENEUVE |
|---|---|---|---|---|
| Caradoc.... | 12. Hudson River . . . | Hudson River | . . . . . . . . | . . . . . . . |
| | 11. Utica.. . . . . . . | Utica . . . . .. | . . . . . . . . | . . . . . . . |
| | 10. Groupe de Trenton. | Gr. de Trenton. | . . . . . . | . . . . . |
| Caradoc ? .. | 9. Chazy. . . . . . . | Chazy. . . . | . . . . . . . | . . . . . . |
| Llandeilo .. | 8. Sillery . ) Groupe de Québec. | . . . . . . . | Sillery . . . . | Sillery. |
| | 7. Lauzon. | . . . . . . . | Lauzon . . . | Lauzon. |
| | 6. Lévis. . | . . . . . . . | Lévis. . . . . | Lévis. |
| Tremadoc .. | 5. Calcifère supérieur. | Calcifère sup.. | . . . . . . . | Calcifère sup. |
| | 4. Calcifère inférieur.. | Calcifère inf.. | . . . . . . . . | Calcifère inf. |
| | 3. Potsdam supérieur | Potsdam sup.. | . . . . . . . | Potsdam sup. |
| Lingula flags. | 2. Potsdam inférieur.. | Potsdam inf? . | Potsdam inf. . | Potsdam inf. |
| | 1. Groupe de St-John. | . . . . . . . | Gr. de St-John. | Gr. de St-John. |

## BASSIN ORIENTAL

La ligne qui sépare les deux bassins paléozoïques déjà indiqués suit à peu près la vallée occupée par la rivière Hudson et par le lac Champlain, d'où elle continue, dans une direction nord-est, jusqu'au fleuve Saint-Laurent, qu'elle traverse près de Québec, en passant au nord de cette ville. De là, cette ligne de division se dirige, sous le fleuve, au sud de l'île d'Anticosti, pour traverser enfin le nord de la Gaspésie et l'île de Terreneuve.

Cette ligne est indiquée tantôt par de forts plissements, avec inversions des couches vers l'ouest, tantôt par des dislocations avec soulèvements du côté de l'est. C'est ainsi que, dans l'état de Vermont, le Potsdam a été amené en contact avec la formation de Trenton, et qu'entre le lac Champlain et Québec on rencontre la base du groupe de Québec au même niveau que la formation de Medina du silurien moyen, l'un et l'autre cas indiquant des déplacements verticaux de plus de 12,000 pieds. Des dislocations semblables, mais encore plus prononcées, ont été observées sur le prolongement de cette même région apalachienne dans l'état de West-Virginia, où le professeur W.-B. Rogers a signalé le contact du terrain carbonifère avec le silurien inférieur, l'un et l'autre appartenant à une série concordante. La limite orientale du bassin de l'est paraît être indiquée par des affleurements de roches appartenant à la zone primordiale, et par d'autres probablement encore plus anciennes, dans les parties est de l'état de Massachusetts, du Nouveau-Brunswick et de l'île de Terreneuve.

Les relations des membres inférieurs de la série paléozoïque du bassin oriental ne sont qu'imparfaitement connues. Le groupe de Saint-John et le Potsdam paraissent manquer dans quelques localités, et il est possible qu'ils soient recouverts en stratification discordante par le groupe de Québec.

## TERRAIN SILURIEN INFÉRIEUR

Le groupe de St-John (1) est représenté à St-John, dans le Nouveau-Brunswick, par environ 3,000 pieds de schistes noirs et de grès qui, selon M. Hartt, correspondent à l'étage C de la zone primordiale de M. Barrande. Ces sédiments reposent sur une série de roches schisteuses plus anciennes, dont l'étude est encore à faire. Les schistes fossilifères de St-John, dans l'île de Terreneuve, ainsi que les roches semblables renfermant des Paradoxides, à Braintree, près Boston, appartiennent probablement au même groupe de St-John. Le Potsdam inférieur (2) est représenté par plusieurs centaines de pieds de calcaires et de grès fossilifères au détroit de Belle-Isle, et à White-Bay dans l'île de Terreneuve. Les dolomies rouges. ainsi que les schistes noirs fossilifères de St-Albans et de Georgia, dans l'état de Vermont, et, peut-être même, la base du grès de Potsdam dans le bassin occidental, se rapportent également-

ment à cette même division , qui n'a pas encore été
trouvé dans la région apalachienne du Canada que près du
lac Champlain. Le Potsdam supérieur (3) correspond au Potsdam type de New-York, de Wisconsin et de Minnesota, et il
est représenté dans le bassin oriental par les couches fossilifères de Table-Head et de Portland-Creek dans l'île de Terreneuve. On ne l'a pas encore rencontré dans la partie con ·
tinentale de ce bassin.

La formation Calcifère inférieure (4) (le *Calciferous Sandrock* de la série de New-York) se trouve également dans l'île
de Terreneuve, où lui succèdent des couches qu'on a distinguées par le nom de Calcifère supérieur (5) et qui renferment
une faune distincte. Jusqu'à présent on n'a reconnu ni l'une
ni l'autre de ces formations dans la partie continentale du
bassin. L'épaisseur déjà constatée pour la formation de Potsdam , dans l'île de Terreneuve, selon M. Murray, est de
5,400 pieds, auxquels il faut en ajouter au moins 2,700 pieds
pour les formations 3 et 4. Du reste, l'histoire de ces anciennes formations dans l'île est encore fort incomplète.

Le groupe de Québec (6.7.8) comprend une masse considérable de sédiments occupant, dans le bassin oriental, une
place entre les formations Calcifère et de Chazy, et il se déve-
loppe, sur une grande échelle, dans la région apalachienne du
Canada, où il atteint une épaisseur d'environ 10,000 pieds.
Il forme les montagnes de Notre-Dame dans le Canada, ainsi
que les montagnes Vertes dans le Vermont, et il joue un rôle
très-important dans toute la longueur de la chaîne des Apalaches. Près des limites occidentales du bassin, les roches de ce
groupe ont, en grande partie, échappé au métamorphisme, ce
qui permet de les étudier avec avantage, surtout près du lac
Champlain et dans les environs de Québec, où on a emprunté
les noms qui servent à distinguer les trois divisions ou formations reconnues dans le groupe. La première, dite formation
de Lévis, est surtout développée à la Pointe-Lévis, dans l'île

d'Orléans, et à Phillipsburgh, près du lac Champlain; mais elle apparaît, avec ses fossiles caractéristiques, en plusieurs autres localités intermédiaires. Son épaisseur totale dépasse 6,000 pieds, et elle se compose de calcaires et de dolomies, avec grès quartzeux et schistes noirs et verdâtres. Les schistes noirs et charbonneux (pyroschistes) deviennent plombagineux dans les régions métamorphosées.

La formation de Lévis renferme une faune nombreuse, dont on a déjà décrit 219 espèces, y compris quatre ou cinq plus ou moins douteuses. Ces espèces sont ainsi partagées :

```
Protozoa . . . . . . . . . . . .        1
Zoophyta. . . . . . . . . . . .        1
Graptolitideæ. . . . . . . . . .       51
Brachiopoda. . . . . . . . . . .       28
Lamellibranchiata . . . . . . . .       2
Gasteropoda. . . . . . . . . . .       42
Cephalopoda . . . . . . . . . .        20
Crustacea. . . . . . . . . . . .       74 ——— 219
```

Les graptolites de la formation de Lévis ont été décrites par le professeur James Hall, d'Albany, dans la décade II de CANADIAN FOSSILS, et, parmi les autres fossiles de cette formation, *Ophileta compacta, Maclurea matutina, Maclurea sordida* et *Asaphus canalis*, sont décrits par le même auteur dans le PALEONTOLOGY OF NEW-YORK. Tous les autres, à l'exception de *Stenopora fibrosa*, sont décrits par M. E. Billings dans PALEOZOIC FOSSILS OF CANADA, vol. I, publié par la Commission géologique.

Parmi ces 219 espèces, 15 seulement ont été reconnues dans d'autres formations, et, même de ce nombre, quelques-unes sont douteuses. Les noms de ces 15 espèces sont désignés dans le tableau ci-après : celles qu'on a cru reconnaître, soit dans le Calcifère inférieur (4), soit dans le Calcifère supérieur (5), ou enfin dans le Chazy (9), sont indiquées dans les colonnes portant ces numéros. Aucune espèce de la formation de Lévis n'a été reconnue dans les formations supérieures ou inférieures à celles qui viennent d'être nommées.

| Fossiles de la formation de Lévis (6) se trouvant dans | 4 | 5 | 9 |
|---|---|---|---|
| Stenopora fibrosa | | ✶ | ✶ |
| Palaeocystites tenuiradiatus | | | ✶ |
| Lingula Mantelli | ✶ | | |
| Camarella varians | | | ✶ |
| — Calcifera | ✶ | | |
| Ophileta uniangulata | ✶ | | |
| Maclurea Atlantica ? | ✶ | | |
| — matutina ? | ✶ | | |
| — sordida ? | ✶ | | |
| Asaphus canalis | ✶ | ✶ | ✶ |
| Bathyurus conicus | ✶ | | |
| Cheirurus prolificus | | | ✶ |
| Endymionia Meeki | | ✶ | |
| Holometopus Angelini | | ✶ | |
| Amphion Salteri | ✶ | | |

Une collection comprenant les espèces les plus communes ou les plus caractéristiques de la formation de Lévis est envoyée par la Commission géoloqique. Une liste de ces espèces, au nombre de cinquante, suivie de quelques observations paléontologiques par M. Billings, se trouve plus loin.

La partie supérieure du groupe de Québec a une grande importance économique en ce qu'elle renferme deux bandes magnésiennes métallifères, caractérisées surtout par des schistes cuprifères. On les avait d'abord comprises dans la formation de Lévis, dont une portion, à partir de la bande magnésienne inférieure, est maintenant séparée sous le nom de formation de Lauzon. La bande magnésienne supérieure se trouve au sommet de cette formation, à laquelle on pourrait, à juste titre, la rattacher ; mais nous avons trouvé plus commode de considérer cette bande comme appartenant à la base de la troisième division, désignée sous le nom de formation de Sillery. Celle-ci se compose, en grande partie, de grès quartzeux et feldspathiques, verdâtres, souvent à gros grains,

2

accompagnés, vers la base, de schistes rouges et verts, et d'une épaisseur totale d'environ 2,000 pieds. Dans les régions métamorphosées, les sédiments de cette formation apparaissent sous la forme de gneiss, souvent granitoïde, passant aux schistes micacés. La bande magnésienne que nous avons rattachée à la base de la troisième division, sera décrite avec la formation inférieure. La formation de Sillery n'a pas encore fourni de restes organiques, et les seuls reconnus avec certitude dans la formation de Lauzon consistent en une *Obolella* et deux espèces de *Lingula*, qui se trouvent vers le sommet de la formation.

Ces trois membres du groupe de Québec sont exposés sur une largeur moyenne de 40 milles dans la région apalachienne du Canada. Ils sont affectés par des ondulations très-nombreuses, ayant eu pour effet de les disposer en bassins secondaires, longs et étroits, dont trois principaux apparaissent, dans le Canada, à l'ouest des terrains supérieurs qui, reposant en stratification discordante, occupent le milieu du grand bassin oriental. Ces bassins secondaires laissent ordinairement voir entre eux les schistes et les calcaires noirs de la formation de Lévis. Ils renferment les roches dures et massives du Sillery qui occupent souvent le milieu de ces bassins, et s'élèvent en forme de montagnes.

Nous comprendrons dans la description de la formation de Lauzon la seconde bande magnésienne que, pour faciliter la délinéation cartographique, nous avons rattachée à la base de la formation de Sillery. La série de couches ainsi composée offre une épaisseur considérable, dépassant 2,000 pieds en quelques parties, mais se réduisant, en d'autres, à un volume beaucoup moindre. Cette serie consiste, dans les environs de Québec, en argilites vertes, quelquefois bariolées de rouge, avec grès grisâtres moins massifs que ceux de Sillery, les grès, ainsi que les schistes, étant quelquefois glauconieux. Dans les régions métamorphiques, les couches siliceuses deviennent plus ou moins micacées, et les argilites prennent un aspect nacré dû au développement d'une variété de mica. Les caractères de ces schistes sont d'ailleurs tres-modifiés, dans certaines parties, par un mélange des minéraux magnésiens.

Dans l'une et l'autre des bandes magnésiennes on rencontre des calcaires passant à des dolomies et à des carbonates de magnésie, ordinairement plus ou moins siliceux, et renfermant du carbonate de fer, souvent avec carbonate de manganèse. Ces magnésites, même au milieu de couches cristallines, sont souvent terreuses, mais quelquefois cristallines, et elles renferment alors du mica chromifère. On y trouve, de plus, beaucoup de silicates magnésiens, notamment de la serpentine, du talc et de la chlorite, ces derniers sous les formes de stéatite et de pierre ollaire. Les serpentines forment quelquefois des masses considérables, et on les trouve pures ou mélangées de calcaire, de dolomie ou de magnésite, formant ainsi une grande variété de roches ophiolitiques. Ces ophiolites sont quelquefois mélangées de talc et, plus souvent encore, de diallage ou d'amphibole. qui composent des masses, à l'exclusion de la serpentine. Ces dernières roches prennent souvent dans leur composition un feldspath du sixième système, et passent ainsi à des diabases (gabbros) ou diorites. Ces diorites sont quelquefois granitoïdes, mais elles deviennent souvent à grains fins. Dans certaines variétés, l'élément amphibolique est en grande partie remplacé par un silicate hydraté, dont la composition se rapproche de celle de la délessite. Ces diorites sont quelquefois mélangées d'épidote, qui, d'ailleurs, prédomine dans quelques couches au point de donner lieu à des épidosites quartzeuses ou chloriteuses, l'épidote formant parfois des rognons dans la chlorite compacte. Un grenat blanc et compacte se trouve, en quelques endroits, disséminé dans la serpentine, ou formant une roche massive. La chloritoïde ou barytophyllite se rencontre également disséminée dans les schistes micacés, et parfois prédominent au point de former de minces couches dans les schistes.

Nous avons ainsi signalé, en peu de mots, les roches les plus caractéristiques des bandes magnésiennes. Elle sont souvent enclavées dans les schistes micacés, dans les argilites, et dans les quartzites de·la série, soit en masses lenticulaires. parfois de petites dimensions, soit, et c'est surtout le cas des ophiolites et des diorites, en formant des masses assez conti- nues, pouvant atteindre jusqu'à plusieurs centaines de pieds d'épaisseur. Ces différentes roches magnésiennes semblent se remplacer l'une l'autre, et une étude approfondie de leurs relations stratigraphiques ne laisse aucun doute sur leur ori- gine sédimentaire, non plus que sur leur dépôt à la manière du gypse, de la dolomie et de la sépiolite. Nous avons d'ail- leurs soutenu, depuis plusieurs années, cette opinion concer- nant ces roches, qui paraissent devoir peu de chose au méta- morphisme, car on rencontre des ophiolites et des diabases parfaitement bien caractérisées au milieu des argilites et des grès à peine modifiés, et dans les parties peu altérées de la région. On y a également rencontré, dans des conditions sem- blables et enclavées dans les argilites non altérées, de fortes couches d'un silicate verdâtre hydraté de magnésie, de chaux, de fer et alumine, avec parties de chrome, de nickel et de titane, renfermant ainsi les éléments d'un mélange de chlorite et d'épidote. Une autre évidence de cette origine aqueuse et sédimentaire de silicates résulte des faits que nous avons déjà signalés relativement à l'*Eozoön Canadense*, qui, tant en Ba- vière qu'au Canada, se trouve injecté et enveloppé de silicates tels que le pyroxène, l'amphibole et la loganite. La nature plus ou moins magnésienne des glauconites n'est pas sans inté- rêt dans cette relation. (Voir, pour plus de détails sur la ques- tton de l'origine des silicates, GEOLOGICAL SURVEY OF CANADA, REPORT, 1866, page 230.)

Ces bandes de roches magnésiennes sont presque partout métallifères, et elles renferment des gisements remarquables de minerais de cuivre. Ce métal s'y trouve quelquefois à l'état natif, mais plus souvent sous la forme de sulfures. Ceux-ci se rencontrent dans les schistes argileux, micacés ou chloriteux, en lames minces, ou en petits noyaux aplatis dans le sens de la stratification. On les trouve également dans la stéatite, la ser- pentine, la diorite et la dolomie; la pyrite cuivreuse, mélangée seulement de pyrite de fer et d'un peu de quartz, forme souvent des bandes d'une certaine épaisseur dans les schistes micacés. Ces dépôts cuprifères sont irréguliers dans leur distribution, mais on peut les suivre quelquefois sur des longueurs de plusieurs kilomètres, offrant partout un minerai assez riche pour être exploité avec bénéfices. En d'autres localités, les sulfures de cuivre se trouvent concentrés dans de petits amas enclavés dans la stratification, et ayant, dans des limites restreintes, une épaisseur notable. Le gisement d'Acton, qui paraît maintenant épuisé, était de cette nature : deux amas, dont l'un de soixante pieds d'épaisseur, y ont fourni 2,000 tonnes de cuivre. Les sulfures y étaient disséminés dans une dolomie, et formaient, en certaines parties, le ciment d'une brèche de dolomie et de silex, très-riche en cuivre.

Ces dépôts de minerais de cuivre renferment quelquefois un peu d'argent natif. On y trouve souvent de la galène en petits amas lenticulaires, et de la blende et du sulfure de nickel s'y trouvent aussi disséminés, mais en très-petites proportions. Une quantité d'oxyde de nickel, montant à quelques millièmes seulement, existe presque toujours à l'état de silicate ou de carbonate dans les roches magnésiennes de la série, où l'oxyde de chrome, sous forme de fer chromé, est aussi rencontré en amas conformes à la stratification. Le fer oxydulé s'y trouve également, quelquefois dans les mêmes conditions, soit pur, soit mélangé de fer titané. Le fer oligiste micacé, souvent mélangé de quartz ou de chlorite, constitue une roche schisteuse, l'itabirite de certains auteurs ; elle abonde dans la région apalachienne et fournirait un minerai de bonne qualité.

Cette formation métallifère est traversée par des filons quartzeux, quelquefois stériles, même dans le voisinage de riches dépôts de sulfures, mais renfermant plus ordinairement de très-riches minerais de cuivre; ces filons paraissent avoir été enrichis par les couches métallifères voisines qui, par conséquent, se trouvent appauvries. Ils sont généralement de petites dimensions ; cependant, dans certains cas, ils paraissent assez continus, et constituent alors des gisements productifs. En outre du quartz, on trouve dans ces filons de l'orthose, de la chlorite, de la chloritoïde, de la dolomie ferrifère et manganésienne, et, indépendamment des sulfures de cuivre, du cuivre gris, du sulfure de molybdène, du fer titané, du rutile, et quelquefois de l'or natif.

Parmi les substances minérales de valeur économique provenant du groupe de Québec et exposées par le Canada, on peut nommer les minerais de cuivre, de fer et de chrome, de l'or, la stéatite, la pierre ollaire, les serpentines, les marbres, ainsi que d'autres pierres de construction.

### TERRAINS SILURIEN SUPÉRIEUR ET DÉVONIEN

Le terrain silurien inférieur du bassin oriental est en grande partie recouvert, en stratification discordante, par des terrains plus récents qui, dans la région apalachienne du Canada, appartiennent surtout au silurien supérieur et au dévonien. La base de cette série se compose ordinairement d'argilites, fournissant en abondance d'excellentes ardoises tégulaires, et accompagnées de grès, de schistes et de calcaires renfermant les fossiles du silurien supérieur. Ces couches sont plus ou moins altérées dans la partie méridionale de la région, où les schistes deviennent micacés et même maclifères. Ce terrain, ainsi altéré, se prolonge vers le sud, en suivant la vallée de la rivière Connecticut jusqu'à près de son embouchure. Il continue également vers le nord-est, en longeant la base sud-est des montagnes de Notre-Dame, jusqu'à l'extrémité du continent, où il est représenté, dans la Gaspésie, par environ 2,000 pieds de calcaires, qui semblent avoir échappé à tout métamorphisme, et dont la base comprend des formations appartenant au silurien moyen. Ces calcaires sont recouverts en partie par une série de grès et de schistes dévoniens d'une épaisseur de 7,000 pieds, et renfermant une flore fossile assez remarquable, qui a été étudiée par le D<sup>r</sup> Dawson.

A la Baie des Chaleurs, on rencontre une formation plus récente, reposant en stratification discordante sur les grès dévoniens, sur les calcaires sous-jacents, et même sur des roches cristallines qui semblent appartenir au groupe de Québec. Cette série de grès, avec conglomérats, à laquelle on a donné le nom de formation de Bonaventure, et dont l'épaisseur est d'environ 2,700 pieds, constitue la base du terrain houiller occupant une grande étendue dans les provinces voisines du Nouveau-Brunswick et de la Nouvelle-Écosse, et renfermant de fortes couches de charbon minéral. Dans cette dernière province, ainsi que dans l'île du Prince-Edouard, on trouve des grès mesozoïques, qui apparaissent encore dans la vallée du Connecticut, et en plusieurs autres endroits au pied des Apalaches. jusqu'à la Caroline. Les formations les plus récentes rencontrées dans le Canada, à part celle de la période quaternaire, sont cependant les grès stériles de la base du terrain houiller.

La grande épaisseur de terrain dévonien reconnue dans le bassin occidental à la base du terrain houiller de la Pennsylvanie, était évidemment autrefois une continuité du même terrain dévonien de la Gaspésie, qui couvrait ainsi toute la Nouvelle-Angleterre. L'érosion qui l'a enlevé, en grande partie, a respecté cependant les monts Cattskills, dans l'état de New-York, à l'ouest de la rivière Hudson, ainsi que les montagnes Blanches du New-Hampshire, dont les sommets atteignent une hauteur de plus de 6,000 pieds : ce sont apparemment des grès et des schistes altérés du terrain dévonien, dont on rencontre des portions détachées, à intervalles, jusqu'à la Gaspésie, où le terrain n'est pas plus altéré que dans les Cattskills. Les portions au nord-est et au sud-ouest ont donc échappé au métamorphisme, qui semble avoir envahi les terrains paléozoïques de tout le bassin oriental au sud de Québec, et c'est ainsi que le terrain houiller de Rhode-Island et de Massachusetts contient de l'anthracite qui passe à l'état de graphite.

Les portions altérées des terrains silurien supérieur et dé-

vonien sont traversées par de nombreux filons renferment,
outre les sulfures de fer, zinc, cuivre et molybdène, de la pyrite arsénicale, de la galène argentifère et de l'or natif. Les
alluvions aurifères qui recouvrent une grande étendue au sud-
est des montagnes de Notre-Dame se composent des débris de
ces terrains, mélangés avec ceux des roches du groupe de Québec, et paraissent avoir puisé à ces deux sources le métal pré-
cieux qu'elles renferment. L'or alluvial de cette région est
quelquefois accompagné d'un peu de platine et d'iridosmine.
Les travaux de mine jusqu'à présent faits dans le but d'extraire l'or sont limités aux alluvions, et ont donné en quelques
localités des bénéfices considérables, tandis que dans d'autres
les résultats ont été moins satisfaisants. On y fait dans ce
moment des préparatifs pour le traitement des quartz
de la région, dont de nombreux essais ont prouvé le ca-
ractère aurifère. Les filons quartzeux des terrains supérieurs
ressemblent beaucoup à ceux du groupe de Québec, et comme
eux renferment quelquefois de la chlorite, du mica et du carbonate de fer, ainsi qu'un spath calcaire ferrifère et mangané-
sifère, dont la décomposition donne lieu à des oxydes terreux,
et qui semble être, en certains cas, la gangue de l'or.

## BASSIN OCCIDENTAL

Nous avons déjà fait voir, au moyen du tableau de la p. 13,
que le bassin occidental, dans l'état de New-York et dans le
Canada central, n'offre qu'une portion incomplète du terrain
silurien inférieur. Le groupe de Saint-John, ainsi que le
groupe de Québec, y paraissent absents, et, dans une grande
partie du Haut-Canada, c'est la formation de Trenton qui repose directement sur le terrain laurentien. Dans le voisinage
de Montréal et au pied des monts Adirondacks, on trouve cependant des grès siliceux et fossilifères d'une épaisseur de
300 à 700 pieds, constituant la formation de Potsdam de la
série de New-York. A cette formation succède le Calcifère
inférieur (*Calciferous sandrock* des géologues de New-York).

qui se compose de dolomie fossilifère, quelquefois siliceuse, et contenant un peu de gypse. Ces deux formations, à peu près horizontales, sont recouvertes, en stratification concordante, par la formation de Chazy, composée en partie de calcaires purs et en partie de grès et de dolomies argileuses. Après elle vient le groupe de Trenton, comprenant les divisions suivantes reconnues dans l'état de New-York, à savoir : les calcaires de Birdseye et de Black-River et le Trenton proprement dit. L'épaisseur totale de cette série de calcaires, y compris la formation de Chazy, est à peu près de 800 pieds dans les environs de Montréal, mais elle ne dépasse guère 300 pieds sur les îles du lac Huron. La formation d'Utica, qui se compose en grande partie de pyroschistes (schistes bitumineux) graptolitiques, est suivie par les grès et schistes, souvent plus ou moins calcaires, qui constituent la formation de Hudson-River ou de Loraine. Son épaisseur dans le voisinage de Québec, est de 2,000 pieds, et il faut y ajouter 300 pieds pour la formation d'Utica. Cependant ce volume diminue vers l'ouest, et, au lac Huron, l'épaisseur de ces deux formations réunies n'est plus que de 800 pieds.

Dans les îles à l'extrémité nord-ouest du lac Huron, les calcaires du groupe de Trenton reposent sur un grès siliceux appartenant à la formation de Chazy et qui s'étend jusqu'au delà du Mississipi. Ce grès du Sault-Sainte-Marie recouvre, dans les environs du lac Supérieur, une grande série de roches sédimentaires qui représentent, dans cette partie du bassin occidental, les membres inférieurs du système paléozoïque. Cette série paraît se diviser, sur la rive nord du lac, en deux parties, dont la plus ancienne est composée de schistes et d'argilites, avec quelques grès et roches trappéennes, le tout ayant une épaisseur de plus de 2,000 pieds. Elle est suivie par un groupe de calcaires, de schistes et de grès, souvent conglomérats, avec des bandes de diorites et d'amygdaloïdes, dont l'épaisseur totale est inconnue, mais qui, dans une coupe mesurée au cap Mamainse, paraît dépasser 16,000 pieds. Ce terrain et le groupe de Québec paraissent du même âge, mais il est assez probable que la partie inférieure de la série correspond aux formations plus anciennes. Cette série constitue la région métallifère du lac Supérieur. La partie inférieure est traversée par de nombreux filons renfermant des sulfures de cuivre et de zinc, avec de l'argent natif et sulfuré et un peu d'or, mais c'est dans la division supérieure qu'existent les fameux gisements de cuivre natif. Le métal s'y trouve tantôt en filons, tantôt disséminé dans les couches d'amygdaloïdes ou de grès, et il forme souvent le ciment des conglomérats. Tout semblerait indiquer que la réduction du cuivre de ses solutions aqueuses s'est faite dans des conditions ayant exclu la sulfuration qui a eu lieu dans les dépôts cuprifères apparemment contemporains du bassin oriental. Ce terrain cuprifère est traversé par beaucoup de roches d'épanchement, notamment par des chlorofelsites (melaphyres); mais il paraîtrait que les amygdaloïdes, ainsi que les autres roches cuprifères, sont de formation sédimentaire.

Ayant ainsi complété la liste des formations du terrain silurien inférieur, nous donnons, dans le tableau suivant, les divisions qui se succèdent jusqu'à la base du terrain houiller, en indiquant leurs caractères lithologiques dans le Canada et dans l'état de New-York. Les numéros qui précèdent ces divisions font suite à ceux du tableau de la page 13.

| | | |
|---|---|---|
| | 23. Chemung. . . . . . | schistes et grès. |
| | 22. Portage. . . . . . . | schistes et grès. |
| DÉVONIEN . . . . . . . | 21. Hamilton. . . . . . | schistes et marnes. |
| | 20. Cornifère. . . . . . | calcaire. |
| | 19. Oriskany . . . . . . | grès. |
| SILURIEN SUPÉRIEUR. . | 18. Helderberg inférieur. | calcaire. |
| | 17. Onondaga . . . . . | dolomie. |
| | 16. Guelph. . . . . . . | dolomie. |
| SILURIEN MOYEN . . . | 15. Niagara. . . . . . . | dolomie. |
| | 14. Clinton. . . . . . . | calcaire et schiste. |
| | 13. Medina. . . . . . . | grès. |

La formation de Medina (13), dans la vallée du fleuve Saint-

Laurent, ainsi qu'à l'extrémité occidentale du lac Ontario, où elle a une épaisseur de 600 pieds, repose directement sur la formation de Hudson-River ; mais, dans l'état de New-York, on trouve entre ces deux formations un conglomérat quartzeux (le grès de Shawangunk) qui atteint en quelques endroits une épaisseur de 500 pieds. Cette série de grès et d'autres sédiments grossiers indique une période de grande perturbation dans cette région de l'océan paléozoïque, période qui est aussi caractérisée par une interruption plus ou moins complète dans la succession des êtres organisés. Ces conditions, cependant, ne sont que locales, et l'île d'Anticosti, qui, bien qu'éloignée au nord-est, est comprise dans les limites du bassin occidental, en offre la preuve. En effet, les grès et les schistes de la formation de Hudson-River s'y trouvent représentés par environ 900 pieds de calcaires, auxquels succèdent 1,400 pieds d'autres calcaires formant ce qu'on a désigné sous le nom de groupe d'Anticosti. Ce groupe, qui paraît aussi exister dans le bassin oriental, au sud des montagnes du silurien inférieur dans la Gaspésie, comprend les numéros 13, 14 et 15 du tableau ci-dessus, et il est très-riche en fossiles qui servent à compléter la série zoologique interrompue des autres parties du bassin occidental.

Dans le Haut-Canada et reposant sur la formation dolomitique de Niagara se trouve une masse de dolomie très-pure et cristalline désignée sous le nom de formation de Guelph, ayant avec celle qui la précède une épaisseur d'environ 300 pieds. Vient ensuite la formation d'Onondaga, également composée, en grande partie, de dolomie, mais renfermant vers sa base des marnes rouges et vertes, du sel gemme et du gypse. Cette formation atteint, dans le New-York central, une épaisseur de plus de 700 pieds : elle se réduit à 300 pieds à la rivière Niagara pour s'étendre ensuite à travers le Haut-Canada et l'état du Michigan, avec une épaisseur augmentant, en certaines parties, jusqu'à 1,000 pieds. Ces différences semblent correspondre à d'anciennes dépressions de la surface géographique, dans lesquels se seraient formés les dépôts de sel et de gypse qui paraissent exister à la base des parties épaissies de la formation. Dans l'état de New-York, le sel gemme est disséminé dans les marnes, et on y a creusé des puits qui fournissent des eaux chargées de sel dont l'extraction est devenue l'objet d'une très-grande industrie. Tout récemment, dans un puits foré sur le bord du lac Huron, à Goderich, après avoir traversé 960 pieds de cette formation, on a trouvé près de sa base une couche d'environ 40 pieds de sel gemme fournissant actuellement, à l'aide d'une pompe, une dissolution saturée de sel de grande pureté. D'autres puits dans cette région, ont fourni dernièrement des indices de sel, ce qui permet d'espérer qu'il existe un bassin salifère assez étendu dans le Haut-Canada.

A la formation d'Onondaga, dans l'état de New-York, est superposée une série de calcaires auxquels, par suite de leur position à la base des collines de Helderberg, on a donné le nom de groupe inférieur de Helderberg (*Lower Helderberg* des géologues de New-York). Cette série n'existe pas dans le Haut-Canada, mais elle paraît s'être étendue vers le nord-est jusque dans la vallée du fleuve Saint-Laurent, car on en trouve des lambeaux détachés reposant sur les bords relevés de divers membres du silurien inférieur, dans le voisinage de Montréal. Les calcaires de la Gaspésie, dans le bassin oriental, appartiennent aussi, en grande partie, à ce groupe inférieur de Helderberg, qui forme le sommet du système silurien.

La base du terrain dévonien se compose d'une formation de grès de peu d'épaisseur, recouverte par un calcaire non magnésien renfermant souvent du silex corné, d'où les géologues de New-York lui ont donné le nom de formation Cornifère. A cette formation, dont l'épaisseur en différentes localités est de 150 à 300 pieds, est superposée une série de roches argileuses et schisteuses connue sous le nom de groupe de Hamilton, dont l'épaisseur, dans le Haut-Canada, varie de 250 à 400 pieds. Au-dessus de ce groupe apparaissent des pyroschistes et puis des grès, constituant ensemble la formation de Portage, qui atteint dans cette région un volume d'un peu plus de 200 pieds, et forme le sommet de la série paléozoïque dans le Haut-Canada. Dans les états voisins de Michigan et de New-York, on rencontre la formation de Chemung, qui, réunie à celle de Portage, offre, dans le dernier de ces états, une épaisseur de plus de 2,000 pieds; mais elle diminue rapidement vers le sud-ouest. On donnait autrefois le nom de Cattskill, dans l'état de New-York, à une formation locale de grès, qui disparaît bientôt en allant vers l'ouest, où la formation de Chemung est considérée comme le sommet du terrain dévonien, sur lequel reposent directement les premières assises du terrain carbonifère. Cependant, selon le professeur James Hall, les restes organiques du dévonien se confondent tellement avec ceux du terrain carbonifère, surtout dans les parties occidentales du grand bassin, qu'il devient impossible de fixer une ligne de démarcation entre les deux systèmes.

La partie du Canada occupée par le bassin occidental correspond assez exactement à la grande plaine dont nous avons déjà indiqué les relations géographiques (page 4). Les couches paléozoïques dans toute cette région sont affectées par des ondulations très-douces; mais elles ont une pente générale vers le sud-ouest, en plongeant au-dessous du terrain houiller de la Pennsylvanie et du Michigan. Le terrain dévonien, ainsi qu'on peut le voir sur la carte exposée par la Commission géologique, n'occupe que la partie sud-ouest de la province, où sa distribution est modifiée par un grand axe de soulèvement se prolongeant depuis la vallée du Cumberland dans le Kentucky, jusqu'à l'extrémité occidentale du lac Ontario, en passant par Cincinnati. Cette grande ligne anticlinale amène le silurien inférieur à la surface, sur l'Ohio, et la base du dévonien, sur le lac Érié. L'existence d'ondulations parallèles et secondaires, dans la région dévonienne du Haut-Canada, est mise en évidence par la distribution des petites portions de la formation de Portage qui s'y trouvent.

## PÉTROLE

Les formations paléozoïques du grand bassin occidental sont remarquables par des dépôts de pétrole, qui paraissent, au moins dans le Canada, avoir leur origine dans les calcaires non magnésiens du groupe de Trenton et de la formation Cornifère. On y trouve le pétrole remplissant des cavités dans des brachiopodes, des orthocères, des coraux et imprégnant aussi certaines parties poreuses des calcaires. Ces parties oléifères sont souvent complétement entourées de calcaire compacte, humide et sans trace de pétrole, ce qui porterait à croire que, soit cette substance, soit sa matière première, occupe sa position actuelle depuis le dépôt du sédiment calcaire. On remarque les conditions précitées également dans les calcaires du dévonien et du silurien inférieur; mais ces derniers, quoique partout bitumineux, ne contiennent que peu de pétrole dans les parties orientales du bassin. Cependant, dans les îles Manitoulines, au lac Huron, où on trouve de petites sources naturelles de pétrole, on a foré des puits à travers les schistes d'une épaisseur de 100 à 140 pieds, qui recouvrent les calcaires du groupe de Trenton. Dans ces calcaires, on rencontre, à différentes profondeurs, des fissures ayant fourni, en certains cas, plusieurs mille litres de pétrole. Ces puits sont, jusqu'à présent, moins productifs que ceux du terrain dévonien; mais des sources d'huile très-abondantes ont été découvertes dans le silurien inférieur du Kentucky.

Les puits forés pour la recherche de l'huile dans la région sud-ouest du Canada, l'ont été dans les dépôts quaternaires y recouvrant, à des profondeurs de 50 à 150 pieds, les affleurements de formations dévoniennes : celles-ci sont tantôt le calcaire Cornifère et tantôt les marnes et schistes du groupe de Hamilton. On y trouve souvent, à la base des argiles quaternaires, des couches de gravier saturées de pétrole; mais de telles sources, quoique assez productives, sont bientôt épuisées. Il en est rencontré de plus abondantes, à différentes profondeurs.

dans les couches dévoniennes où le pétrole paraît s'être accumulé dans des fissures de dimensions très-variables. Ces réservoirs se trouvent, le plus souvent, dans les schistes de Hamilton, qu'il est cependant quelquefois nécessaire de traverser pour pénétrer à une profondeur plus ou moins grande dans le calcaire Cornifère, avant de découvrir le pétrole. Il faut toutefois remarquer que les sources les plus abondantes se trouvent, soit dans des schistes, soit dans les calcaires encore recouverts des schistes, et que la quantité de pétrole est moins considérable dans les régions où ces dernières roches avaient été enlevées avant le dépôt des argiles. Les schistes offrant des fissures, ainsi que les graviers quaternaires, ont évidemment servi de réservoirs au pétrole provenant du calcaire oléifère. Ces fissures renferment souvent, à la fois, du pétrole, de l'eau et de l'hydrogène carburé (gaz des marais). L'élasticité de ce dernier explique la sortie impétueuse et spontanée du pétrole des puits récemment ouverts, d'où il jaillit quelquefois à des hauteurs de plusieurs pieds, et souvent en un volume prodigieux. Un cas notable s'est présenté dans le canton d'Enniskillen, où, pendant plusieurs mois, deux sources jaillissantes avaient fourni du pétrole à raison de quelques centaines de litres par jour. Dès qu'on eut foré dans leur voisinage un troisième puits, d'où s'est échappé un volume considérable de gaz, le jaillissement de l'huile a cessé. Depuis lors, le pétrole n'a pu être extrait de ces puits qu'au moyen de pompes, et c'est ce qui arrive tôt ou tard pour toutes les sources jaillissantes.

Dans quelques cas, le rendement naturel d'un puits récent sera de 10,000 à 20,000 litres par jour, où même de beaucoup davantage, et cela sans mélange d'eau. Plus tard, le pétrole, retiré à l'aide de pompes, est accompagné de quantités d'eau considérables, qui augmentent graduellement jusqu'à ce qu'il devienne convenable d'abandonner le puits par suite de la rareté du pétrole. Il arrive, parfois, qu'un forage entrepris à quelques pieds seulement d'un puits stérile ou épuisé, produit une source abondante de pétrole.

Tous les faits qu'on vient de signaler font voir que les sources abondantes de pétrole dépendent de son accumulation dans des réservoirs, qui ne peuvent être que des fissures à peu près verticales. Ces réservoirs devraient naturellement se trouver sur les lignes de soulèvement, et à l'appui de cette manière de voir, on a constaté que toutes les sources productives de pétrole, soit dans le Canada, soit dans les états voisins, existent le long des ondulations et sur les axes anticlinaux.

Les pétroles de West-Virginia, d'Ohio et des parties voisines du Kentucky, se rencontrent dans un grès conglomérat du terrain houiller. Selon M. Lesley, le pétrole serait indigène dans ce grès, ainsi qu'il l'est dans le calcaire de Trenton et dans celui de la formation Cornifère. Ce dernier est oléifère dans certaines parties du Kentucky, où il fournit des sources de pétrole comparables à celles du Haut-Canada. Les sources remarquables de la Pennsylvanie se rencontrent dans la série de grès et de schistes appartenant au sommet du terrain dévonien (p. 29). On n'est pas encore certain si ce pétrole y est indigène, comme dans les calcaires silurien et dévonien, ou si, de même que les schistes de Hamilton et les graviers quaternaires du Haut-Canada, les formations de Portage et de Chemung ont servi de réservoirs au pétrole provenant du calcaire dévonien qu'elles recouvrent.

La grande masse de calcaires existant à la base des grès dévoniens dans la Gaspésie est plus ou moins imprégnée de pétrole, dont de nombreuses petites sources s'y rencontrent sur les affleurements du calcaire et du grès. On a foré plusieurs puits dans cette région qui, cependant, n'a fourni, jusqu'à présent, que peu de pétrole.

Les faits que nous venons d'exposer font voir que les pétroles des terrains paléozoïques de l'Amérique du Nord ne doivent pas leur origine à l'action de la chaleur souterraine sur des couches de houille ou de pyroschiste. En effet, dans le cas des îles Manitoulines, les calcaires oléifères sont à la base même du terrain paléozoïque, et sont seulement séparés par quelques pieds de grès non fossilifères des anciens dépôts cristallins du terrain huronien. Le pétrole est évidemment de formation contemporaine avec ces calcaires, et il dérive probablement d'une transformation particulière•des matières d'origine végétale ou animale, qui se serait opérée au fond des eaux où déposaient ces sédiments calcaires. Des matières semblables, dans des eaux moins profondes, perdent une plus grande proportion de leur hydrogène et se transforment en houille ou en pyroschiste. On peut aussi dire que le pétrole renferme à peu près les éléments de la houille réunis à ceux du gaz des marais.

Les relations que quelques-uns ont cru voir entre les pétroles et les matières salines ne sont qu'apparentes. Presque partout, dans les bassins paléozoïques, les sédiments ont été d'origine marine, et, dans les régions où ils n'ont pas été très·soulevés, ils renferment encore les eaux de l'océan ancien, qui vient au jour avec les pétroles. Il se trouve en outre, des formations renfermant du sel gemme, quelquefois avec gypse et soufre natif, résultats de l'évaporation des bassins de mer ; mais les trois formations salifères qui se rencontrent, à différentes hauteurs, dans la grande série paléozoïque de l'Amérique du Nord, sont à des horizons distincts des formations renfermant du pétrole, et elles appartiennent à des périodes très-différentes A part celle du silurien inférieur, déjà décrite, il se rencontre deux formations salifères, à différents niveaux dans le terrain carbonifère des États-Unis.

## ROCHES D'ÉPANCHEMENT

La distribution des roches intrusives ou exotiques dans la grande superficie paléozoïque de l'Amérique du Nord paraît limitée à certaines régions fort restreintes. Le bassin occidental n'offre de roches intrusives que dans le voisinage du lac Supérieur et dans sa partie est, où des masses épanchées sont assez nombreuses près des limites des deux bassins, mais surtout dans celui de l'ouest. Ces roches se trouvent, en effet, dans les vallées du lac Champlain et du Saint-Laurent, traversant les roches paléozoïques des deux bassins, et même le terrain laurentien à l'ouest de Montréal, dans le comté de Grenville : Là on rencontre une dolérite très-ancienne, à laquelle succède des syénites, des porphyres quartzifères, et une seconde éruption de dolérite. De ces quatre épanchements, trois, au moins, sont plus anciens que le grès de Potsdam. Les diverses formations du silurien inférieur, dans les environs de Montréal, sont traversées par plusieurs éruptions successives de dolérites, souvent granitoïdes et avec beaucoup de péridot, des diorites, également granitoïdes, tantôt à oligoclase, tantôt à anorthite, ainsi que des diorites micacées. On y rencontre également des trachytes passant aux granites, et d'autres plus ou moins terreuses ou compactes. Ces dernières trachytes, au moins, sont plus récentes que les lambeaux du terrain silurien supérieur qui se trouvent aux environs de Montréal, et qui renferment des fragments roulés des dolérites péridotiques de la région. Les couches calcaires et argileuses pénétrées par ces diverses roches exotiques ne se trouvent altérées qu'à de très-petites distances, dans lesquelles des silicates cristallins se sont quelquefois développés.

La zone de roches métamorphiques du groupe de Québec qui forme les montagnes de Notre-Dame dans la région apalachienne du Canada, n'offrent des roches d'épanchement que sur ses bords. Il est démontré par de longues études stratigraphiques que toutes les diabases, diorites, chlorofelsites et ophiolites de cette région sont des roches indigènes, et occupent des places déterminées dans les deux bandes de sédiments magnésiens qui caractérisent ce groupe (page 19).

L'étude de cette région fournit une nouvelle preuve de la thèse soutenue par M. Sterry Hunt, depuis dix ans, que le métamorphisme normal est tout fait indépendant du voisinage des roches intrusives.

Au sud-est des montagnes de Notre-Dame on rencontre de nouveau des roches d'épanchement, principalement des granites, avec quelques dolérites péridotiques, qui traversent, tous les deux, les terrains silurien supérieur et dévonien. Ces épanchements sont, en partie au moins, plus anciens que le terrain carbonifère, qui, dans le Nouveau-Brunswick, repose sur le granite dévonien.

## TERRAIN QUATERNAIRE

Les formations paléozoïques de la vallée du Saint-Laurent, jusqu'aux environs du lac Ontario, sont recouvertes en grande partie par des argiles et des sables d'origine marine renfermant grand nombre de restes organiques identiques avec les espèces qui habitent actuellement les eaux du golfe de Saint-Laurent. Ces dépôts stratifiés sont accompagnés d'un terrain de transport non stratifié, qu'on suppose être d'origine glaciale; et les roches solides, dans toute cette région, sont généralement polies et striées.

Des argiles et des graviers stratifiés et d'origine locale se trouvent également dans les régions laurentienne et apalachienne.

Dans le Haut-Canada se trouve une autre formation d'argile très-répandue, qui jusqu'à présent n'a pas offert de restes organiques qui permettent de fixer son âge ou son origine. Cette argile atteint, dans la partie sud-ouest du Canada, une épaisseur de 150 à 200 pieds. Il résulte d'un grand nombre de forages qu'on y a faits dans ces dernières années à la recherche de pétrole que le lac Saint-Clair et une partie du lac Erié sont creusés dans ces mêmes argiles qui, dans cette région, atteignent une profondeur plus grande que le fond de ces lacs.

Outre ces argiles, on retrouve, dans le Haut-Canada, de grandes étendues de sables, ainsi que des dépôts lacustres, qui se trouvent tous représentés sur une petite carte des formations quaternaires du Canada, exposée par la Commission géologique. Une description détaillée de ces formations se trouve dans la Géologie du Canada, publié en 1863.

T. S. H.

# CATALOGUE

# DES COLLECTIONS

EXPOSÉES

Par la Commission Géologique du Canada

---

## PUBLICATIONS DE LA COMMISSION.

### CARTES ET COUPES GÉOLOGIQUES.

**I**. Carte générale du Canada et des régions adjacentes, y compris les provinces de la Nouvelle-Écosse, du Nouveau-Brunswick et de Terreneuve, ainsi qu'une portion du territoire de la Baie d'Hudson, et une grande partie des États-Unis; sur une échelle d'un pouce par vingt-cinq milles, soit $\frac{1}{1.584.000}$

Cette carte a été dressée par SIR WILLIAM LOGAN, avec la collaboration, pour les États-Unis, du PROF. JAMES HALL d'Albany. Les données géologiques pour le Canada ont été fournies par les travaux de la Commission géologique; celles des autres provinces et des États-Unis sont tirées des travaux d'un grand nombre de géologues, dont les noms sont cités en détail dans la préface d'un atlas qui sera mentionné plus loin. Ce même atlas donne également une description des travaux topo-

graphiques de la Commission géologique, et une liste des auto-
rités consultées pour les détails géographiques des autres portions de la carte.

La confection de cette carte, pour tout ce qui regarde la
topographie, est l'ouvrage de M. ROBERT BARLOW, aidé par son
fils M. SCOTT BARLOW, qui sont tous deux attachés depuis plusieurs années, à la Commission géologique. La confection de
toutes les autres cartes exposées dans cette collection est également due à M. Barlow.

Cette carte a été gravée sur acier, à Paris, par MM. JACOB ET
RAMBOZ, sous la direction de M. GUSTAVE BOSSANGE, et publiée
par MM. DAWSON FRÈRES de Montréal, et par M. E. STANFORD de
Charing Cross, Londres.


**II.** Carte d'une portion du terrain laurentien inférieur avec portions voisines du laurentien supérieur et du
silurien inférieur, sur une échelle d'un pouce par quatre
milles, soit $\frac{1}{253.440}$.

Cette carte se trouve aussi sur une échelle réduite dans l'atlas
au n° 2.


**III.** Carte d'une grande partie de la région apalachienne du Canada, avec des portions adjacentes du bassin
occidental, sur une échelle d'un pouce par quatre milles,
soit $\frac{1}{253.440}$.

Cette carte, qui représente en détail la structure compliquée
de la zone occupée par le groupe de Québec, formant la région
métallifère des Cantons de l'Est, a été dressée par SIR WILLIAM
LOGAN, aidé par M. JAMES RICHARDSON, et comprend les résultats
des travaux de plusieurs années de la Commission géologique.
Cette carte a été gravée sur cuivre par M. Stanford de Londres.

On prépare des cartes semblables sur la même échelle des autres parties du Canada.

**IV**. Vient ensuite une série de cartes et de coupes imprimées en couleurs, formant partie d'un atlas publié en 1865 par la Commission géologique. Cet atlas in-8°, outre quarante-six pages de texte, contient les cartes et coupes suivantes, qui sont exposées à part :

1° Carte générale, étant à quelques exceptions près, une réduction à un cinquième de la grande carte n° 1, décrite plus haut ;

2° Carte détaillée d'une portion du terrain laurentien inférieur avec portions voisines du laurentien supérieur ou labradorien et du terrain silurien inférieur ; sur une échelle d'un pouce par sept milles, soit $\frac{1}{443.520}$.

3° Carte détaillée d'une portion du terrain huronien avec des formations adjacentes, principalement d'après les explorations de M. ALEX. MURRAY ; sur une échelle d'un pouce par huit milles, soit $\frac{1}{506.880}$.

4° Carte détaillée montrant des portions des groupes de Potsdam, de Québec et de Trenton, près du lac Champlain, d'après une étude par Sir WILLIAM LOGAN ; sur une échelle d'un pouce par deux milles, soit $\frac{1}{126.720}$.

L'atlas contient en outre cinq coupes de cette région, dont les places sont indiquées par des lignes sur la carte.

5° Carte non coloriée, représentant en détail la distribution des calcaires appartenant aux formations de Lévis et de Lauzon du groupe de Québec, à la Pointe Lévis, d'après une étude par SIR WILLIAM LOGAN, sur une échelle de trois pouces par mille, soit $\frac{1}{21.120}$. Cette carte est accompagnée de coupes sur la même échelle.

6° Carte montrant la distribution des dépôts superficiels ou quaternaires du Canada, entre le lac Supérieur et la Gaspésie, sur la même échelle que la réduction de la carte générale, c'est-à-dire d'un pouce par 125 milles, soit $\frac{1}{7.920.000}$.

7° Vient ensuite quatre planches portant douze coupes coloriées servant à expliquer la géologie du Canada et des états voisins ; sur une échelle horizontale et verticale d'un pouce par cinq milles, soit $\frac{1}{316.800}$.

Ces douze coupes, qui comprennent une longueur totale de 1,351 milles, ont été dressées par Sir William Logan avec l'aide de M. James Richardson. Elles se trouvent décrites en détail dans le texte de l'atlas, et leurs places sont indiquées sur la petite carte générale par des lignes numérotées.

RAPPORTS DE PROGRÈS.

Il a été publié depuis 1845 une série de rapports des travaux de la Commission géologique avec le titre ci-dessus, formant un total de 2,248 pages demi-in-octavo, avec nombreuses figures gravées sur bois, quinze coupes et cartes, et un atlas in-folio de vingt-deux feuilles. Ces rapports, au nombre de quatorze, depuis 1845 jusqu'à 1858, donnent les résultats des travaux courants de la Commission géologique, en fait de géologie, minéralogie et paléontologie, avec beaucoup de renseignements sur les minéraux économiques du Canada, ainsi que sur la topographie, la géographie, l'agriculture et l'histoire naturelle des districts explorés. Ces rapports ont été publiés à la fois dans les journaux de l'assemblée législative du parlement canadien, et séparément en anglais et en français. Une table du contenu de ces rapports, dont une série est exposée par la Commission géologique, se trouve dans le texte de l'atlas in-octavo, dont il a été parlé sous le n° IV, et qu'il faut ne pas confondre avec l'atlas in-folio qui accompagne les rapports de 1853-56.

### GÉOLOGIE DU CANADA, 1863

Sous ce titre a paru un RAPPORT GÉNÉRAL ou résumé de tous les travaux de la Commission géologique jusqu'à 1863. Ce volume, grand in-octavo, contient près de 1,100 pages, avec 428 figures gravées sur bois. Il est de plus accompagné de l'atlas de cartes et de coupes dont il a déjà été fait mention sous le n° IV. Cet ouvrage a paru à la fois en anglais et en français.

### RAPPORT DE PROGRÈS, 1863-1866

Sous ce titre vient de paraître, en français et en anglais, un volume de 324 pages grand in-octavo, renfermant les résultats des travaux de la Commission géologique de 1863 à 1866, — et ayant des explications détaillées sur la carte de la région apalachienne mentionnée plus haut sous le n° III.

### CONTRIBUTIONS A LA PALÉONTOLOGIE

La Commission géologique a publié, entre 1858 et 1865, sous le titre de DECADES OF CANADIAN ORGANIC REMAINS, quatre volumes sur la paléontologie. Le nombre total des planches dans ces quatre volumes remonte à cinquante-quatre, plus de nombreuses gravures sur bois. Ces quatre décades sont comme suit :

I. — Descriptions de vingt-neuf espèces de fossiles du terrain silurien inférieur, par M. J. W. Salter, avec dix planches gravées sur acier : 1859.

**II.** — Monographie des graptolitidées du groupe de Québec, par M. James Hall, 157 pages, avec plusieurs gravures sur bois et vingt-trois planches, dont vingt et une sur acier : 1865.

**III.** — Cette décade renferme une monographie des cystidées et astéridées du silurien inférieur par M. E. Billings, une autre du genre *Cyclostoïdes* par MM. Salter et Billings, et une troisième sur les entomostracées bivalves des formations paléozoïques du Canada par M. J. Rupert Jones ; le tout comprenant 102 pages, avec plusieurs gravures dans le texte et onze planches lithographiées : 1858.

**IV.** — Une monographie des crinoïdes du silurien inférieur par M. E. Billings ; soixante-douze pages de texte, avec gravures, et dix planches lithographiées : 1859.

Sous le titre de PALEOZOIC FOSSILS, a paru en 1865 un volume par M. Billings, renfermant les descriptions de quatre cent quarante-trois espèces nouvelles trouvées dans le Canada, plus des descriptions plus complètes d'environ cinquante espèces déjà décrites par lui dans les rapports annuels et ailleurs, surtout dans ceux de 1853-56, et 1857. Le rapport général de 1863 contient des figures d'environ cinq cents espèces de restes organiques.

### COLLECTIONS LITHOLOGIQUES

1° Trente échantillons nommés du terrain laurentien inférieur, comprenant, outre les espèces et variétés les plus caractéristiques des roches stratifiées ou indigènes, une suite de spécimens provenant des filons. (Voyez la page 8.)

2° Seize échantillons des anorthosites du terrain laurentien supérieur ou labradorien. (Voyez la page 6.)

3° Quatre-vingt-douze échantillons nommés des roches du groupe de Québec de la région apalachienne du Canada. Cette série provient en grande partie des portions altérées du groupe, et fait voir surtout des roches appartenant aux bandes magnésiennes. (Voyez les pages 17-21.)

4° Six échantillons nommés des roches des formations siluriennes inférieures du bassin occidental. (Voyez les pages 24-25.)

5° Douze échantillons nommés des roches ignées des environs de Montréal. (Voyez la page 33.)

### RESTES ORGANIQUES

**1. Eozoön Canadense. Dawson.**

Ce spécimen présente cet ancien fossile du terrain laurentien inférieur conservé dans de la serpentine, qui formait alors un dépôt sédimentaire dans la mer où croissait ce rhizopode calcaire. Les parties blanches et cristallines du spécimen sont également de l'Eozoön enveloppé dans du pyroxène, lequel par sa cristallisation, aura en partie effacé la structure intime du fossile.

L'Éozoön semble avoir formé des récifs assez analogues à ceux des zoophytes calcaires de nos jours. Les débris de l'Éozoön serpentineux donnent lieu à une ophicalce grenue dans laquelle on reconnaît encore la structure, quoique brisée, du foraminifère, et qui remplit les intervalles des amas d'Éozoön. L'accumulation de ces matières éozoönales constitue dans la seigneurie de la Petite-Nation, sur l'Ottawa, une épaisseur d'environ 200 pieds dans la troisième formation calcaire du laurentien inférieur. (Voir pour plus de détails la page 7, ainsi que le Rapport géologique de 1863-66, pages 14-19.)

2. Climactichnites Wilsoni.

3. Protichnites (huit espèces).

Les nᵒˢ 2 et 3 sont les reproductions des empreintes trouvées sur les couches du grès de Potsdam. Les *Protichnites*, dont le professeur Richard Owen, de Londres, a décrit plusieurs espèces, sont par lui regardés comme dus à quelque crustacé. On les rencontre à Beauharnois et dans plusieurs autres localités dans le Bas-Canada. Le *Climactichnites*, découvert par le docteur James Wilson, à Perth, offre, d'après le docteur Dawson, des analogies remarquables avec les traces de certains crustacés modernes.

4. Euelephas Jacksoni.

La mâchoire inférieure de cette espèce d'éléphant, dont on expose la reproduction, a été trouvée dans les graviers quaternaires, à Hamilton, à une hauteur de soixante-dix pieds au-dessus du niveau du lac Ontario, accompagnée des os du *Cervus canadensis* et du *Castor fiber*.

5. Fossiles du groupe de Québec.

CATALOGUE

| Nᵒˢ | ESPÈCES | LOCALITÉS | OBSERVATIONS |
|---|---|---|---|
| 1 | Dikelocephalus Oweni.. . . | Pointe Lévis. | |
| 2 | — magnificus. | — | |
| 3 | — Belli. . . . | — | |
| 4 | — planifrons. | — | |
| 5 | Loganellus Logani. . . . . | — | Voir la note, page 47. |
| 6 | Bathyurellus fraternus. . | Cow Head, Terreneuve. | |
| 7 | Bathyurus Cordai . . . . . | Pointe Lévis. | |
| 8 | — Saffordi. . . . . | — | Voir la note, page 47. |
| 9 | — oblongus. . . . | — | |
| 10 | — capax. . . . . . | — | |
| 11 | — quadratus . . . | — | |
| 12 | Amphion Westoni. . . . . | Stanbridge. | Voir la note, page 46. |

| N<sup>os</sup> | ESPÈCES | LOCALITÉS | OBSERVATIONS |
|---|---|---|---|
| 13 | Menocephalus Salteri. . . | Pointe Lévis. | |
| 14 | — Sedgwicki. | — | |
| 15 | Ptychapsis subclavatus . . | — | Voir la note, page 48. |
| 16 | Holometopus Angelini. . . | — | |
| 17 | Endymionia Meeki. . . . . | — | |
| 18 | Harpides Zenkeri. . . . . | — | |
| 19 | Asaphus Pelops. . . . . . | Bedford. | |
| 20 | Illænus tumidifrons . . . . | Cow Head, Terreneuve. | |
| 21 | — arcuatus. . . . . . | — — | |
| 22 | — simulator . . . . . | Stanbridge. | |
| 23 | — incertus . . . . . . | — | |
| 24 | Nileus affinis. . . . . . . . | Cow Head, Terreneuve. . | |
| 25 | Cheirurus Vulcanus . . . . | Stanbridge. | |
| 26 | — prolificus . . . . | — | |
| 27 | — Eryse . . . . . . | Pointe Lévis | |
| 28 | — Apollo. . . . . . | — | |
| 29 | Ophileta bella. . . . . . . | Stanbridge. | |
| 30 | Eccul'omphalus Canadensis | Pointe Lévis. | |
| 31 | — spiralis . . | Phillipsburgh. | |
| 32 | Pleurotomaria Quebecensis | Pointe Lévis. | |
| 33 | Maclurea matutina. . . . . | Phillipsburgh. | Se rencontre également dans le Calcifère inférieur, ainsi que les numéros 36 et 42. |
| 34 | Metoptoma Hyric. . . . . . | Pointe Lévis. | |
| 35 | Bellerophon Palinurus. . | Stanbridge. | |
| 36 | Lingula Mantelli. . . . . . | Pointe Lévis. | Calcifère inférieur. |
| 37 | Lingula Quebecensis. . . . | Pointe Lévis. | |
| 38 | — Irene. . . . . . . . | — | |
| 39 | Obolella desiderata . . . . | — | Seule espèce décrite de la fromation de Lauzon. |
| 40 | — pretiosa . . . . . | Cap Rouge. | |
| 41 | — Ida . . . . . . . . | Pointe Lévis. | |
| 42 | Camerella Calcifera. . . . | — | Calcifère inférieur. |
| 43 | Leptæna decipiens. . . . . | — | |
| 44 | Graptolithus octobrachiatus | — | |
| 45 | — — | — | |
| 46 | — nitidus . . . . | — | |
| 47 | — Logani . . . . | — | |
| 48 | — nitidus . . . . | — | |
| 49 | Diplograptus pristiniformis | Bolton. | |
| 50 | Phyllograptus typus. . . . | Pointe Lévis. | |
| 51 | — illicifolius. | — | |
| 52 | Callograptus Salteri . . . . | — | |

### NOTES SUR QUELQUES UNS DES CRUSTACÉS
### DU CATALOGUE CI-DESSUS

Les restes organiques jusqu'à présent trouvés dans le groupe de Québec étant souvent à l'état fragmentaire, l'identification de quelques-unes a dû présenter des difficultés ; cependant parmi les vingt-huit espèces de trilobites qui se trouvent dans cette collection, celles qu'on a rapportées aux genres *Amphion*, *Asaphus*, *Illœnus*, *Harpides*, *Nileus* et *Cheirurus* ne sont pas douteuses, à trois exceptions près, savoir :

N° 12. — *Amphion Westoni*. La glabelle exposée sous ce nom appartient évidemment au genre *Amphion*, mais le pygidium, au contraire, s'éloigne beaucoup, quant à sa forme, de toutes les espèces jusqu'à présent connues du genre, dont il offre cependant les caractéristiques très-modifiés. Tous les exemples connus de cette espèce ont été trouvés dans une seule masse de calcaire, d'environ trois pieds de diamètre, qui a fourni vingt-sept spécimens de la glabelle et vingt-quatre du pygidium. Le même bloc de calcaire renfermait plusieurs autres espèces de fossiles reconnues dans d'autres localités comme appartenant à la formation de Lévis. Cette association remarquable, et l'absence de toutes autres espèces auxquelles il serait possible de rattacher ces portions séparées, nous conduisent à admettre qu'elles appartient à une seule et même espèce.

N° 18. — *Harpides Zenkeri*. Cette espèce fut d'abord décrite sous le nom de *Conocephalites Zenkeri*, mais elle paraît plus rapprochée du genre *Harpides*, auquel on l'a rapporté provisoirement. On n'en a trouvé jusqu'à présent que quatre têtes imparfaites, les autres parties étant inconnues.

N° 21.—*Illœnus arcuatus*. L'espèce ainsi désignée, dont la tête seulement est connue et présente un développement assez singulier, paraît devoir se rapporter au genre *Illœnus*.

Il se trouve encore dans cette collection, outre ceux nommés plus haut, d'autres genres de trilobites au nombre de huit, lesquels, à l'exception du *Holometopus*, Angelin, ont été décrits pour la première fois dans l'Amérique du Nord. Ce sont comme suit :

**I.** — *Dikelocephalus*, Owen. Ce genre fut d'abord établi par M. D. D. Owen, sur des fragments trouvés dans le grès de Potsdam, du Wisconsin. On n'a pas jusqu'à présent trouvé un seul exemple parfait d'aucune des espèces du genre, dont quatre se trouvent représentées dans cette collection. La glabelle de l'une d'elles, le *D. magnificus*, diffère cependant beaucoup de la forme type du genre, tandis que son pygidium offre des analogies avec le genre *Centropleura*, Angelin, ainsi qu'avec le genre *Remopleuroides*, surtout pour l'hypostome.

**II.** — *Loganellus*, Devine. M. Th. Devine, qui a décrit, sous le nom de *Olenus Logani*, ce fossile, trouvé par lui à la Pointe Lévis, avait en même temps proposé de lui constituer un nouveau genre auquel il donnait le nom de *Loganellus*. En effet, il offre d'avec l'*Olenus* type représenté par *O. scarabœoides*, assez de différences pour pouvoir former un sous-genre de la même valeur que *Peltura*, *Parabolina*, etc.

**III.** — *Bathyurellus*, Billings. Ce genre a été fondé sur un exemplaire complet d'une espèce trouvée dans l'île de Terreneuve, le *B. nitans*. Ce genre est très-rapproché du *Bathyurus*, mais il en diffère quant à la forme de la glabelle et du pygidium. Il paraît d'abord dans la formation Calcifère inférieur, et traverse le Calcifère supérieur et la formation du Lévis; mais on ne la pas encore rencontré dans la formation de Chazy. Le n° 6 fait voir la glabelle et le pygidium d'une grande espèce de ce genre, le *B. fraternus*.

**IV.** — *Bathyurus*, Billings. Ce genre a été fondé sur des exemplaires complets, la forme type étant *B. extans* = *Asaphus extans*, Hall. Il se trouve dans cette collection cinq espèces que l'on rapporte provisoirement à ce genre. De ce nombre on a rencontré des échantillons du *B. Saffordi* ayant la tête, le thorax et le pygidium réunis, le thorax offrant neuf segments. Cette trilobite est l'espèce la plus abondante et la plus caractéristique de la formation de Lévis, où on l'a rencontré également dans le Vermont, le Canada et l'île de Terreneuve.

V. — *Menocephalus*, Owen. Ce genre, qui a été fondé par M. D. D. Owen sur une seule glabelle trouvée dans le grès de Potsdam de Wisconsin, est fort peu connu. M. James Hall, qui a publié un mémoire admirable sur les trilobites de cette région, n'en parle pas, et il n'est pas mentionné par M. Shumard dans son étude sur les fossiles décrits par M. Owen. Il se trouve représenté par deux espèces dans la présente collection.

VI. — *Ptychaspis*, Hall. Ce genre fut proposé par M. Hall pour comprendre les espèces *Dikelocephalus Miniscaensis* et *D. granulosus*, de M. Owen. Le *P. subclavatus* (nᵒ 15 de la collection) fut d'abord décrit par M. Billings comme une espèce d'*Arionellus*, mais il l'a depuis rapporté au genre *Ptychaspis*.

VII. — *Holometopus*, Angelin. La petite glabelle, nᵒ 16 de la collection, appartient évidemment à une nouvelle espèce du genre *Holometopus*. Cette espèce se trouve à la Pointe Lévis, ainsi qu'à l'île de Terreneuve, où elle abonde dans la formation Calcifère supérieur.

VIII. — *Endymionia*, Billings. Ce genre, fondé sur un exemplaire à peu près parfait, se rapproche à la fois aux genres *Trinucleus* et *Ampyx*. Il diffère du premier cependant en ce que la bordure de la tête n'est pas ponctuée, et du dernier de ces genres par la forme trilobée de la glabelle et par l'absence de rostrum. Le spécimen nᵒ 17 est une reproduction par la galvanoplastie du spécimen type d'*Endymionia Meeki*. Cette espèce se trouve à la Pointe Lévis et dans l'île de Terreneuve, où elle se rencontre dans la formation Calcifère supérieur. Le nom d'*Endymion* d'abord donné à ce genre, a été modifié pour ne pas le confondre avec celui d'un genre d'insectes.

E. B.

NOTA. — Les collections précédentes sont toutes envoyées par la Commission géologique du Canada, mais celles qui vont suivre sont en parties fournies par des particuliers, dont les noms sont désignés. Les chiffres qui suivent, en quelques cas, le nom de la localité, indiquent le rang et le lot du canton. Ainsi « Dalhousie IV, 1, » signifie le rang cinq, et le lot quatre du canton de ce nom. Les numéros des rangs ne dépassant pas 18, et les lettres C, D, F, etc., qui servent quelquefois à désigner les rangs n'ont pas de valeur numérique.

## MATIÈRES ÉCONOMIQUES

### FER LIMONEUX.

1. Forges de St-Maurice.  *J. Mac Dougall et C*^ie^.
2. Forges de Radnor.

Collections comprenant les minerais des environs, de la fonte grise, et du fer doux faits au charbon de bois, ainsi que des échantillons du calcaire employé comme fondant, des laitiers, du charbon, et du grès réfractaire qui sert à la construction des hauts fourneaux.

Le minerai de fer limoneux se trouve assez abondamment répandu dans les alluvions au pied des monts Laurentides pour une distance de plus de cent milles entre Montréal et Québec ; mais il est surtout très-abondant dans le voisinage des rivières Saint-Maurice et Batiscan. L'établissement des forges de Saint-Maurice date de 1737 et on y employait en 1831, de 250 à 300 ouvriers. Le minerai se rencontre répandu dans le sol superficiel d'où il est retiré par les paysans, qui le vendent aux forges. Ce minerai, après lavage, donne de quarante à cinquante pour cent de fonte, qui est en partie convertie en fer doux sur les lieux mêmes.

A quelques lieues de distance se trouvent les forges de Radnor à Batiscan, qui fournissaient en 1862, environ 2,000 tonnes de fonte, d'une qualité supérieure, recherchée comme celle de Saint Maurice, pour les roues de wagons de chemins de fer. Le grès employé dans les hauts fourneaux de cette région, provient de la formation de Potsdam, et se trouve très-réfractaire.

Un minerai de fer, semblable à celui de Saint-Maurice, se rencontre abondamment dans beaucoup d'autres localités du Bas-Canada, notamment dans les comtés de Bellechasse et de Vaudreuil, ainsi que dans certaines parties du Haut-Canada : mais aucune de ces localités n'est exploitée.

FER OLIGISTE OU HÉMATITE ROUGE.

| | |
|---|---|
| 1. Dalhousie, IV, 1. | *A. Cowan.* |
| 2. Bathurst, IV, 11. | *A. Morris.* |
| 3. Madoc, V, 12. | *MM. Wallbridge.* |
| 4. Macnab, C. D, 6. | *Commission géologique.* |
| 5. Gros-Cap, lac Supérieur, | — |
| 6. Sutton, XI, 9. | — |
| 7. Brome, I, 3. | — |

Il existe dans le laurentien inférieur, associé aux calcaires de ce terrain, de fortes masses de fer oligiste compacte et quelque peu cristallin, dont quelques-unes pourraient sans doute être exploitées avec profit. La localité de Macnab, nᵒ 4, qui est la mieux connue, présente une couche de trente pieds d'épaisseur de minerai bien pur. Les échantillons 1, 2, 3, proviennent également du terrain laurentien.

Le terrain huronien offre également de fortes couches de fer

oligiste schisteux intercalées de quartzites et de roches pyroxi-
ques. L'échantillon n° 5, provient d'une mine qu'on a ouvert
l'année dernière à Gros-Cap sur le lac Supérieur, et qui promet
de fournir un minerai abondant. Une autre localité se trouve à
la baie de Bachewanung dans la même région. Les gisements remarquables de Marquette dans l'état de Michigan, sur la rive
sud du lac, appartiennent au terrain huronien.

Le terrain silurien inférieur de la région apalachienne du
Canada, renferme des dépôts assez considérables de fer oligiste,
quelquefois pur, mais ordinairement plus ou moins mélangé de
chlorite et de quartz, et forment un schiste spéculaire ou itabirite.
L'échantillon n° 6, provient d'une couche de ce minerai intercalé
dans des schistes chloriteux et ayant une épaisseur de sept pieds.
Le n° 7 est d'une couche semblable, de cinq pieds, donnant environ quarante pour cent de fer. Les schistes spéculaires abondent
en beaucoup de localités dans la région apalachienne, où ils sont
associés aux bandes magnésiennes. Ces minerais sont souvent
accompagnés d'un peu de titane.


### FER OXYDULÉ.

1. Hull, VII, 11 (avec fonte).   *Canada Iron Mining Co.*
2. Hull, XI, 1.                  *Commission géologique.*
3. Templeton, II, 28.            —
4. Grenville, III, 3.            —
5. Grandison.                    —
6. Elzivir, V, 3.               —
7. Belmont, 1, 7 et 8 (avec fonte).  —
8. Madoc, V, 11,                 *G. Seymour.*
9. Bathurst, VIII, 11, 12,       *A. Morris.*

Des gisements de fer oxydulé trouvés dans le terrain lau-
nentien, qui sont nombreux et souvent de grandes dimensions,
quelques-uns seulement se trouvent représentés dans cette collection. Le n° 1 offre une couche de quatre-vingts pieds d'épais-

seur de minerai presque pur, qui était autrefois exploitée pour être expédiée aux États-Unis. Depuis quelques mois seulement, il s'est formé une compagnie canadienne dans le but de traiter le minerai sur le lieu même. On y a construit un haut fourneau qui vient d'être mis en opération et dont on envoie de la fonte. Le minerai n° 7 provient d'un gisement remarquable, qui offre une succession de couches dont la plus grande a une épaisseur de ne pas moins de 100 pieds. Un haut fourneau avait été construit à Marmora, dans le voisinage de ce gisement, il y a quelques années, ainsi qu'un autre près Madoc pour le traitement du minerai n° 8, mais ces fourneaux ne sont plus en activité. On fait des efforts maintenant pour exploiter ces mines dans le but d'expédier les minerais aux États-Unis, qui en consomment des quantités considérables de minerais semblables tirés en grande partie des bords du lac Supérieur et du lac Champlain. Les dépôts de cette dernière région, qui se trouvent dans le terrain laurentien, fournit tous les ans environ 300,000 tonnes de minerai de fer, et les divers gisements déjà connus au Canada pourront fournir des quantités inépuisables de minerais semblables.

## 10. Rivière Moisie. *Moisie Company*.

Un gisement considérable de sable de fer oxydulé, mélangé, d'après une analyse, d'un peu de titane, se trouve à l'embouchure de la rivière Moisie, sur la rive nord du fleuve Saint-Laurent. La Compagnie de Moisie expose un échantillon de ce minerai partiellement purifié, ainsi que des résultats de plusieurs expériences faites pour sa réduction et comprenant du fer malléable et de l'acier fondu. Le minerai a été traité en vase clos avec du charbon de bois et dans une forge catalane, ainsi que par le système Hodges, qui consiste à incorporer le sable ferrugineux en proportion convenable avec de la tourbe réduite à l'état de pâte, et à faire avec ce mélange des briques, qu'on traite dans un four, ce qui donne directement du fer malléable.

### FER TITANÉ OU ILMÉNITE.

1. St-Urbain, Bay St-Paul.  *Commission géologique.*

Les anorthosites du terrain laurentien supérieur ou labradorien renferment souvent du fer titané à l'état de grains disséminés ou d'amas, dont le plus considérable connu, celui de Saint-Urbain, a été suivi pour une distance de 300 pieds avec une épaisseur de 90 pieds. Il se compose de fer titané pur, quelquefois mélangé d'un peu de rutile. D'autres amas moins considérables se rencontrent dans le même voisinage.

### MINERAI DE PLOMB. — GALÈNE.

1. Buckingham, IV, 21.  *Commission géologique.*
2. Lake, II, 8.  —
3. Tudor.  *John Sweeny.*
4. Indian Cove, Gaspé.  *Commission géologique.*

Des localités ci-dessus, les trois premières appartiennent au terrain laurentien inférieur, qui est traversé en plusieurs districts par des filons plombifères, ordinairement avec une gangue de chaux carbonatée ou de baryte sulfatée. La galène est généralement peu argentifère et accompagnée de petites quantités de cuivre, zinc et fer à l'état de sulfures. Ces filons n'ont pas été exploités, jusqu'à présent, d'une manière régulière, mais plusieurs d'entre eux paraissent assez riches en minerai pour être exploités avec profit.

Les calcaires du terrain silurien supérieur dans la Gaspésie offrent en plusieurs endroits des filons plombifères assez riches ; les spécimens n° 4 viennent d'une de ces localités, où a commencé une exploitation dans des conditions favorables.

## CUIVRE NATIF.

**1**. Ile Michipicoten, lac Supérieur. *Commission géologique.*

Les roches du groupe de Québec sur la rive nord du lac Supérieur, offrent en plusieurs localités des dépôts de cuivre natif dans des conditions analogues à ceux de la rive sud du lac, mais ces gisements, jusqu'à présent, n'ont pas été exploitées d'une manière régulière.

## MINERAIS DE CUIVRE SULFURÉS.

**1**. Bruce Mine, lac Huron.  *West Canada Mining Co.*
**2**. Wellington Mine.  —

Le terrain huronien offre en plusieurs endroits des filons de quartz traversant les diorites de la série et renfermant des minerais sulfurés de cuivre, qui sont, pour la plupart, de la pyrite cuivreuse, avec un peu de cuivre vitreux et de cuivre panaché. Les seuls endroits où on a exploité ces filons d'une manière régulière sont sur la rive nord du lac Huron, au Bruce Mine et au Wellington Mine, deux localités voisines. Les collections n[os] 1 et 2, offrent une série des produits de ces deux exploitations accompagnée de plans. Le produit de ces deux mines réunies, montait en 1861 à environ 3,000 tonnes de minerai renfermant dix-neuf pour cent de cuivre. Tout ce minerai est expédié en Angleterre.

Nota. — Nous avons maintenant à noter une série d'échan tillons des minerais de cuivre provenant des bandes magnésiennes de la région apalachienne du Canada (voyez la page 20).

1. Harvey Hill Mine, Leeds, XV, 18.
*English and Canadian Mining Co*

Minerai de cuivre dans les schistes et dans les filons, avec les résultats de son traitement mécanique. Les sulfures s'y trouvent disséminés dans des schistes argileux et micacés, où ils forment trois couches distinctes, dont la supérieure, qui paraît la plus importante, a déjà été constatée avoir une étendue d'au moins 1,200 mètres carrés, avec une épaisseur qui varie de trois à neuf pieds, et contenant en moyenne, cinq pour cent de cuivre. A cette couche cuprifère succèdent dans l'ordre descendant deux autres, dont la seconde est une couche de stéatite imprégnée de sulfures de cuivre. Des filons, pour la plupart courts et irréguliers, coupent ces assises cuprifères, et fournissent souvent des minerais sulfurés d'une grande richesse dans un gangue de quartz et de dolomie, lequel dans le voisinage, renferment quelquefois de l'or natif avec du fer titané. Cette mine est celle dans le Bas-Canada qui présente les travaux les plus anciens et les plus étendus, et fournit tous les ans des quantités considérables de minerais très-riches, qui sont jusqu'à présent expédiés, soit en Angleterre, soit aux États-Unis.

5. St-Francis Mine, Cleveland, XII, 25.
*St-Francis Mining Co.*

Cette mine diffère de la plupart des autres jusqu'à présent ouvertes dans la région apalachienne, en ce qu'elle paraît consister en un véritable filon, qui traverse des schistes chloriteux, et qu'on a suivi à une profondeur de plus de 200 pieds. On estimait en 1866, le produit moyen de cette mine à environ soixante tonnes par mois d'un minerai contenant environ dix pour cent de cuivre, qui se trouve en partie à l'état de sulfures avec quartz, et en partie à l'état de carbonate.

6. Huntingdon Mine, Bolton, VIII, 18.

*Huntingdon Mining Co.*

7. Bolton, VIII, 4.  *Ives Mining Co.*

8. Bolton, IX, 2.  —

Les trois localités ci-dessus, dans le canton de Bolton, se trouvent sur un dépôt de pyrite cuivreuse associé à des diorites et de la serpentine dans des schistes micacés et chloriteux. Dans la localité n° 6, le minerai paraît disséminé dans une épaisseur de seize pieds, et forme souvent des masses solides assez épaisses. Dans le cours des travaux de l'année dernière on a miné 100 mètres carrés de ces couches cuprifères, ayant l'épaisseur déjà mentionnée, et on en a retiré environ 225 tonnes de minerai donnant neuf pour cent de cuivre.

Ces assises cuprifères ont pu être tracées par intervalles à une distance d'environ deux milles de la mine Huntingdon, et les travaux déjà faits, comprenant les localités n°ˢ 7 et 8, donnent l'espoir d'une série de mines importantes.


9. Capel Mine, Ascot, VIII, 3.  *J.-B. Capel.*
10. Albert Mine, Ascot, VIII, 3.  *Belvedere Mining Co.*
11. Lower Canada Mine, Ascot, IX, 3.

*Lower Canada Mining Co.*
12. Crown Mine, Ascot, IX, 2.  *Commission géologique.*
13. Clarks Mine, Ascot, VII, 12.  —
14. Griffith's Mine, Ascot, XI, 3.  —
15. Haskell Hill Mine, VIII, 8.  —
16. Lennoxville Smelting Works.  *S.-W. Tappan.*

Les numéros ci-dessus représentent une série d'échantillons provenant de diverses mines récemment ouvertes dans le canton d'Ascot, et décrites avec détail dans le Rapport de la Commission géologique pour 1866. Elles se trouvent dans des conditions analogues à celles de Bolton, et sont ouvertes sur les affleurements des couches de pyrites de cuivre et de fer mélangées. Ces couches sont intercalées de schistes micacés associés à une bande de dolomie, et arrangées en forme de bassin.

Dans la localité n° 11 on a creusé, dans une longueur de 1,600 pieds, cinq puits à des profondeurs de 60 à 132 pieds. La couche de minerai y varie de 5 à 10 pieds d'épaisseur, et dans l'un des puits on en a trouvé quatre pieds, donnant huit pour cent de cuivre, tandis que dans d'autres puits on rencontre un minerai de quinze pour cent. Cette mine a fourni, pendant l'année 1865-66, environ 500 tonnes de minerai contenant douze pour cent de cuivre.

Au nord-est de cette dernière mine se trouve le n° 10 ; on y a creusé quatre puits, dans l'un desquels la bande cuprifère offre, à une profondeur de 121 pieds, une épaisseur de plus de cinq pieds, dont plus de trois pieds d'un minerai riche. A la n° 9, qui avoisine le n° 10, l'affleurement de la couche cuprifère a été suivi environ 300 pieds, avec une épaisseur de 3 à 6 pieds. Pour des détails plus étendus sur ces mines et les autres du canton, consultez les Rapports géologiques de 1863 et 1866. Dans la mine n° 14, les sulfures de cuivre sont associés à un peu d'argent natif, et on a trouvé un peu d'or dans un minerai de cuivre de ce même canton. Les minerais retirés de cette région ont été jusqu'à présent expédiés aux États-Unis, soit à l'état brut, soit concentrés par une première fusion, dont on expose les produits sous le n° 16.

17. Sweet's Mine, Sutton, X, 8. *Commission géologique.*
18. Orford, A, 9.                    —

Ces deux localités offrent encore des exemples de couches cuprifères, dont celle de Sutton ressemble au n° 4, tandis que le n° 18 se rapproche davantage aux dépôts de Bolton et d'Ascot. L'exploitation de ces mines, ainsi que d'un grand nombre d'autres décrites dans les Rapports déjà cités, ne fait que commencer. Pour une liste de toutes les localités de minerais de cuivre jusqu'à présent signalées dans la région apalachienne du Canada ; voyez l'appendice au Rapport de 1866.

### ANTIMOINE

**1. South Ham, I, 28.**      *Commission géologique.*

Un gisement assez considérable d'antimoine se rencontre dans cette localité associé aux roches magnésiennes du groupe de Québec. L'antimoine sulfuré y est accompagné de quantités notables d'antimoine natif, ainsi que des composés oxydés de ce métal.

### OR

**1. Fief Saint-Charles.**      *Commission géologique.*

Or provenant du lavage des alluvions aurifères de la vallée de la rivière Chaudière. Voir les pages 22 et 24, et pour plus de détails les Rapports géologiques de 1863 et 1866.

### FER CHROMATÉ

1. Ham, I, 27.      *Commission géologique.*
2. Melbourne, VI, lot 22.      —
3. Bolton, VI, lot 27.      —
4. —    VII, 13.      *Ives Mining Co.*

Les serpentines du groupe de Québec renferment souvent du fer chromaté sous forme de couches irrégulières ou d'amas subordonnés à la stratification ; mais aucun d'eux n'a été exploité, jusqu'à présent, quoique le minerai y paraît être assez abondant.

### PYRITE DE FER COBALTIFÈRE

**1. Elizabethtown (près Brockville).**      *Alex. Cowan.*

On trouve dans cette localité un gisement considérable de

pyrite de fer, qui est maintenant exploité et expédié aux États-Unis pour la fabrication d'acide sulfurique. Il renferme, au moins en certaines portions du gisement, cinq ou six millièmes de cobalt qui pourrait peut-être en être extrait avec avantage. Il existe dans cette même région plusieurs autres gisements considérables de pyrite de fer appartenant au terrain laurentien.

### MAGNÉSITE

1. Bolton, IX, 17.                    *Commission géologique.*

Les bandes magnésiennes du groupe de Québec renferment quelquefois des couches de carbonate de magnésie, ordinairement accompagné de plus ou moins de carbonate de fer, et souvent siliceux. Dans le canton de Bolton, cette magnésite forme un amas de plusieurs mètres d'épaisseur, limité d'un côté par une bande de stéatite, et à l'autre, par la serpentine. Elle est accompagnée d'un peu de mica vert chromifère, ainsi que de carbonate de nickel. Ces magnésites pourraient bien devenir des sources avantageuses de sels magnésiens.

### PÉTROLE

1. Oil Springs (Enniskillen).        *William Richardson.*

Deux échantillons, l'un d'un puits foré dans les couches dévoniennes et dite *huile de roche*, l'autre retiré des graviers quaternaires et dite *huile de surface*.

Cette dernière, étant plus ou moins modifiée, est devenue plus dense et plus visqueuse, ce qui la fait rechercher comme huile lubréfiante.

2. Petrolia (Enniskillen).           *A.-R. Ball.*
3.      —            —               *A. Fairbanks.*

Le n° 2 est de l'huile de roche et le n° 3 de l'huile de surface.

4. Bothwell.  *C.-H. Ray.*
5. Thamesville.  *William Lincoln.*
6. Tilsonburg.  *Hebbard et Avery.*
7. Adams's Oil Spring, Gaspé.  *Commission géologique.*
8. Ile Manitoulin.  *Manitoulin Oil Co.*
9.  —  —

Des neufs localités ci-dessus, les numéros 1—6 appartiennent au terrain dévonien inférieur. Les n<sup>os</sup> 1, 2 et 4 proviennent des puits forés dans les schistes de Hamilton, tandis que dans le n° 5 le pétrole n'a été trouvé qu'à une distance de trente pieds dans le calcaire Cornifère sous-jacent. Le pétrole du n° 6 provient également d'un puits dans ce même calcaire, qui, à Tilsonburg, n'est recouvert que de quelques pieds d'argile quaternaire. Le n° 7 vient des calcaires du terrain silurien supérieur de la Gaspésie, et les n<sup>os</sup> 8 et 9 de la formation de Trenton du silurien inférieur. Ces deux derniers proviennent de deux puits ayant la même profondeur et éloignés seulement d'un mille l'un de l'autre, mais offrant des différences sensibles quant à la couleur de l'huile. Des différences semblables, d'ailleurs, se font souvent remarquer dans les pétroles des localités rapprochées. Voir pour plus de détails sur les pétroles, les pages 30-33, et le Rappport géologique de 1866, pages 240-262.

### CHAUX PHOSPHATÉE

North Elmsley, VIII, 25.  *Commission géologique.*
—  24.  *Benj. Hutchins.*
North Burgess, V, 4.  *W.-B. Lambe.*
South Burgess, V, 9.  *Alex. Cowan.*

Les dépôts de chaux phosphatée (apatite fluorifère) qui abondent dans certaines régions du terrain laurentien inférieur ont déjà été mentionnés à la page 8. Ce minéral se trouve à la fois disséminé en forme de grains et de petits amas dans les roches stratifiées, et accumulé dans des filons, tantôt associé à du pyroxène ou de la chaux carbonatée, tantôt sans mélange, et pouvant être employé avec avantage dans la fabrication du superphosphate de chaux. Quelques-uns des filons offrent des dimensions assez grandes pour pouvoir probablement être exploités avec avantage, et ils ont par conséquent depuis quelque temps attiré l'attention des capitalistes. (Voir pour beaucoup de détails les Rapports géologiques de 1863 et 1866.)

### STÉATITE

| | | | |
|---|---|---|---|
| 1. Potton, | V, | 16. | *J.-W. Woodworth.* |
| 2. — | — | 17. | *A. Bailey.* |
| 3. — | — | 18. | *J.-C. Whitney.* |
| 4. — | — | 20. | *R. Bainfield.* |
| 5. Bolton, | VI, | 24. | *Commission géologique.* |
| 6. Brome, | X, | 8 | *J. Patterson.* |

Les couches de stéatite rencontrées dans le groupe de Québec sont souvent d'une qualité supérieure et d'une importance industrielle. Une compagnie vient d'être fondée dans le but de les exploiter sur une échelle considérable.

### PIERRE OLLAIRE

| | | |
|---|---|---|
| 1. Bolton, II, 26. | *Commission géologique.* |
| 2. Potton, IV, 28. | *J. Mac Mannis.* |
| 3. Brome, X, 8. | *J. Patterson.* |
| 4. Shipton, V, 18. | *Commission géologique.* |

La pierre ollaire ou chlorite schisteuse se rencontre dans des conditions analogues à celles des stéatites, avec lesquelles elle est associée, et qu'elle peut en certains cas remplacer dans les arts. Le n° 4, qu'on avait d'abord confondu avec la pierre ollaire, avec laquelle elle offre assez de ressemblance, est une roche composée exclusivement d'un mica hydraté.

## MICA

1. North Burgess, IX, 17.                    *Alex. Cowan.*

Les filons du terrain laurentien, déjà décrits à la page 8, offrent souvent des cristaux de mica magnésien (phlogopite), qui atteignent quelquefois de grandes dimensions. Un cristal de la localité qu'on vient de citer a fourni des lames de mica mesurant $0^m60$ sur $0^m35$, et d'une grande transparence. Plusieurs autres localités de ce minéral se rencontrent dans le North Burgess et les cantons voisins, et ont déjà fourni au commerce des quantités considérables de mica.

### GRAPHITE

1. Buckingham, IX, 14.          *Commission géologique.*
2.      —        V, 19.              —
3.      —        VI, 28.        *Canada Plumbago Co.*
4. Lochaber, VII, 24.          *Commission géologique.*
5.      —      VIII, 22.              —
6.      —      IX, 23, 24.      *Lochaber Plumbago Co.*
7.      —      VIII, 24.              —
8. Bedford, VI, 2.             *Alex. Morris.*
9. North Elmsley, VI, 24.           —

La graphite du terrain laurentien inférieur, comme il a déjà été dit (page 8), se trouve à la fois disséminée sous forme de lames cristallines dans les couches calcaires ou siliceuses, et accumulée dans les filons qui les traversent. La graphite des filons se rencontre quelquefois à l'état de pureté, mais assez souvent mélangée de carbonate de chaux, de pyrite ou d'autres minéraux. Parmi les couches graphiteuses, il y en a qui renferment jusqu'à quarante ou cinquante pour cent de graphite, qu'on parvient à séparer par des procédés mécaniques. Cette graphite du terrain laurentien, qu'on a exploitée depuis plusieurs années à Ticonderoga, dans l'état de New-York, ressemble beaucoup à celle du Ceylan. On vient d'ouvrir dans les cantons de Buckingham et Lochaber plusieurs gisements de ce minéral, dont on a déjà commencé l'exploitation. Les n°s 6 et 7 offrent des échantillons de graphite purifiée, ainsi que de la matière brute, dont la quantité paraît inépuisable, et semble pouvoir donner lieu à une industrie importante. Le n° 9, de North Elmsley, offre des échantillons provenant d'une couche de roche siliceuse d'une grande épaisseur, qui, d'après les analyses mécaniques, renferme de quarante à cinquante pour cent de graphite, dont on parvient à retirer par des procédés mécaniques vingt-cinq pour cent à l'état de pureté.

### PIERRES DE CONSTRUCTION

#### *Calcaires.*

1. Marmora, IX, 16.      *Commission géologique.*
2. Arnprior.      —
3. Phillipsburgh.      —
4. Caughnawaga.      —
5. Saint-Dominique.      —
6. East Hawkesbury.      —
7. Gloucester.      —
8. Pointe-Claire.      —
9. Cornwall.      —
10. Montréal.      —
11. Chevrotière.      —

#### *Dolomies.*

1. High Falls, Madawaska.      *Commission géologique.*
2. Owen Sound.      —
3. Nottawasaga, XI, 3.      —
4. Guelph.      —
5. Brant, VIII, 2.      —

*Grès quartzeux.*

| | |
|---|---|
| 1. Lyn. | *Commission géologique.* |
| 2. Beauharnois. | — |
| 3. Ramsay. | — |
| 4. Quimby's-Point. | — |
| 5. Pembroke. | — |
| 6. Hamilton. | — |
| 7. Georgetown. | — |
| 8. Dundas. | — |
| 9. West Flamborough. | — |
| 10. Nottawasaga. | — |
| 11. North-Cayuga. | — |

*Gneiss.*

| | |
|---|---|
| 1. Jeune Lorette. | *Commission géologique.* |
| 2. Grenville, VII, 4. | — |

*Syenites.*

| | |
|---|---|
| 1. Grenville, V, 2. | *Commission géologique.* |
| 2.    —     V, 3. | — |
| 3. Ganonoqué. | — |

*Granites.*

| | |
|---|---|
| 1. Saint-Joseph. | *Commission géologique.* |
| 2. Shipton. | — |
| 3. Coaticook. | — |

Des calcaires de cette collection les n^os 1 et 2 sont du terrain
laurentien inférieur, le n^o 3, groupe de Québec, les n^os 4-7,
Chazy, et les n^os 8-11 groupe de Trenton. Les calcaires de
Chazy et de Trenton sont les plus employés, et ont servi à la
construction de la plupart des grands travaux publics de la
province. Le pont Victoria, qui traverse le Saint-Laurent à Montréal, est bâti avec le calcaire n^o 8, dont on a pu extraire des

blocs pesant de quatre à sept tonnes. Les villes de Montréal et de Québec sont construites en grande partie avec les calcaires nᵒˢ 8 et 11.

Parmi les dolomies de cette collection le nᵒ 1 seulement est du terrain laurentien, les nᵒˢ 2 et 3 sont de la formation de Niagara, le nᵒ 4 de celle de Guelph, et le nᵒ 5 de la formation d'Onondaga. Dans une grande partie du Haut-Canada les dolomies abondent, et sont très-recherchées comme pierres de construction. Le nᵒ 4 peut être pris comme le type d'une variété de dolomie dont l'usage est très-répandu dans cette partie de la province. Des grès quartzeux, les nᵒˢ 1-4 proviennent du Potsdam, le nᵒ 5 du Chazy, les nᵒˢ 6-10 du Medina, et le 11 de la formation d'Oriskany. Les grès de Potsdam sont peu exploités, mais ils fournissent une bonne pierre de construction, et le nᵒ 4 a été employé pour les nouvelles maisons du parlement à Ottawa. Les grès de Medina, nᵒˢ 6-10, sont beaucoup recherchés dans le Haut-Canada, et ils ont servi à la construction des plus beaux édifices de Toronto. Les gneiss du terrain laurentien, (nᵒˢ 1-2), se trouvent pour la plupart dans des régions inhabitées, et sont peu employés comme pierre de construction. Les syenites, qui se trouvent au milieu du terrain laurentien, sont dans le même cas, mais ils prennent un beau poli et pourraient être employés pour des travaux de décoration. Les syénites nᵒˢ 1 et 2 sont évidemment des roches éruptives, et il est probable que le nᵒ 2 l'est également.

Des roches exposées dans cette collection sous le nom de granites, il est très-probable que les nᵒˢ 1 et 2, qui se trouvent au milieu des parties métamorphiques du groupe de Québec, proviennent des couches contemporaines, et devraient être classés parmi les gneiss. Le nᵒ 2 a été employé pour des constructions importantes sur la ligne du chemin de fer de Montréal à Québec. Le nᵒ 3 est bien certainement un granite intrusif, formant de fortes masses épanchées au milieu des couches dévoniennes de la région apalachienne du Canada. Il est jusqu'à présent peu en usage, mais fournit une très-belle pierre de construction.

#### MARBRES ET SERPENTINES

*Marbres.*

1. Arnprior (blanc et noir).     *Commission géologique.*
2.     —          —                 —
3. Grenville (blanc et vert).        —
4.     —          —                 —
5. Elzivir (blanc).              *Billa Flint.*
6. Marmora,  —               *Commission géologique.*
7. St-Armand, —                   —
8.     —       (blanc et vert).      —
9.     —       (blanc et gris).      —
10. Saint-Joseph, (rouge et blanc).   —
11. Caughnawaga, (gris).             —
12.     —        (gris et rouge).    —
13. Saint-Dominique, (gris).         —
14. L'Orignal, (gris et blanc).      —
15. Mingan, (gris).                  —
16. Saint-Lin, (rouge).             —
17. Pointe-Claire, (noirâtre).       —
18.     —          —                 —
19. Cornwall, (noir).               —
20. Gloucester, (brunâtre).         —
21. Montréal, (gris).               —
22. Dudswell, (blanc et jaune).     —
23.     —     (gris et jaune).      —
24.     —     (blanc et jaune).     —
25.     —     (blanc et noirâtre).   —
26.     —     (blanc et jaune).     —

*Serpentines.*

| | | |
|---|---|---|
| 27. Orford, XII, 6. | | *Commission géologique.* |
| 28. — | — | — |
| 29. — | — | — |
| 30. — | — | — |
| 31. — | XVIII, 12. | — |
| 32. — | X, 3. | — |
| 33. — | XVIII, 15. | — |
| 34. — | A, 7. | — |
| 35. — | B, 5. | — |
| 36. — | — | — |
| 37. — | — | — |
| 38. — | F, 4. | — |
| 39. Shipton, III, 8. | | — |
| 40. Kingsey, X, 3. | | — |
| 41. Melbourne, VI, 22. | | — |
| 42. — | — | — |
| 43. — | V, 20. | — |
| 44. Saint-Joseph. | | — |

De cette collection, les nᵒˢ 1-26 sont des marbres proprement
dits. Les nᵒˢ 1-6 proviennent du terrain laurentien, 7-10 du
groupe de Québec, 10-16 du Chazy, 17-21 du Trenton, et 22-26
des calcaires devoniens du bassin oriental. Deux seulement
entre eux, les nᵒˢ 3 et 4 contiennent de la serpentine; les
nᵒˢ 27-44, au contraire, sont essentiellement des serpentines, et
proviennent tous des bandes magnésiennes du groupe de
Québec, qui offrent une grande variété de roches ophiolitiques.
Ce sont tantôt des serpentines pures, tantôt des mélanges de
serpentine avec calcaire, dolomie ou même avec carbonate de
magnésie. De tous les marbres et serpentines qui se trouvent
dans cette collection il n'y a qu'une seule localité (les nᵒˢ 1-2),
qui soit exploitée d'un manière régulière.

### ARDOISES TÉGULAIRES

| | | |
|---|---|---|
| 1. Melbourne, VI, **22**. | | *Melbourne Slate Co.* |
| 2. | — | *Rockland Slate Co.* |
| 3. Shipton. | . | *Breed, Grosvenor et Co.* |

Ces ardoises proviennent du terrain silurien supérieur qui, dans la région apalachienne du Canada, repose en stratification discordante sur le groupe de Québec, et fournirait en plusieurs endroits des ardoises propres à l'exploitation et d'une qualité supérieure. Les carrières d'ardoises de Melbourne et de Shipton, ouvertes depuis quelques années seulement, fournissent déjà des produits d'une valeur considérable.

### DALLES A PAVER

| | |
|---|---|
| 1. Coaticook. | *Commission géologique.* |
| 2. Saint-Pierre-les-Becquets. | — |
| 3. Madoc, V, 8. | — |

De ces pierres le nᵒ 1 est un grès dévonien, le nᵒ 2, également un grès, appartient à la formation de Hudson-River, et le nᵒ 3 est un calcaire du groupe de Trenton. Le nᵒ 1 est déjà exploité sur une échelle considérable.

### CALCAIRE A CIMENT

| | |
|---|---|
| 1. Nepéan, | *Commission géologique.* |
| 2. Thorold. | *J. Brown.* |

Ces calcaires argileux donnent par la calcination des ciments hydrauliques d'une qualité supérieure, et dont l'usage est répandu partout dans la province. Le nᵒ 2, dont on expose le ciment préparé, aussi bien que la pierre brute, est l'objet d'une exploitation considérable. Il provient de la formation de Clinton, tandis que le nᵒ 1 se trouve dans le Chazy.

### PIERRES A AIGUISER

1. Madoc, V, 4, 5.        *Commission géologique.*
2. Stanstead, I, 15.        —
3.    —    VII, 28.        —
4. Hatley, IX, 5.        —
5. Kingsey, II, 7.        —
6. Bolton, VI, 23.        —
7. Collingwood, VI, 25.        —
8. Nottawasaga, VII, 24.        —

De ces pierres à aiguiser, dont quelques-unes d'une belle qualité et très-recherchées, le n° 1 provient du laurentien, les n°s 2-6 du groupe de Québec, le n° 7 de la formation de Hudson-River, et le n° 8 du grès de Medina.

### GYPSE

1. Oneïda.        *Thos. Martindale.*
2.    —        *Geo. Donaldson.*
3. York.        *Alex. Taylor.*

La formation d'Onondaga (page 27), offre en plusieurs localités de couches ou amas intercalés de gypse, qui sont exploités sur une échelle considérable et employés comme engrais et comme plâtre.

### MARNES COQUILLIÈRES

1. Carrick, XV, 25.        *Commission géologique.*
2. Sheffield, II, 15, 16.        —
3. Bentinck, I, 26.        —
4. Brant, 1, 6.        —
5. Belleville.        —
6. Montréal.        —

7. Saint-Armand.                                —

8. Anticosti.                                   —

Ces marnes, de formation récente ou contemporaine, abondent dans toutes les parties du Canada, et pourraient être avantageusement employées comme engrais.

### OCRES

1. Sainte-Anne-de-Montmorency. *Commission géologique.*
2. Cap de la Madeleine.                      —
3. Pointe-du-Lac.                            —
4. Nottawasaga, II, 12.                      —

Des ocres de grande pureté et de couleurs diverses abondent en plusieurs parties du Canada, surtout au pied des Laurentides, où l'on en trouve en couches souvent de plusieurs pieds d'épaisseur et de formation contemporaine.

### BARYTE SULFATÉ

1. Lansdowne, VII, 2.          *Commission géologique.*

La baryte sulfatée forme souvent la gangue du minerai de plomb dans des filons depuis le laurentien inférieur jusqu'au silurien supérieur de la Gaspésie, et pourrait en certaines localités être exploitée avec avantage.

### PIERRE LITHOGRAPHIQUE

1. Marmora, IV, 7.             *Commission géologique.*
2. Brant, VII, 3.                            —

Le calcaire n° 1, qui appartient au groupe de Trenton, fournit en abondance une pierre qui, d'après les essais qu'on en a fait, est très-propre à lithographie. La dolomite n° 2, provenant de la formation d'Onondaga, paraît être également une pierre lithographique d'une qualité supérieure. Les échantillons exposés de cette dernière localité portent des dessins de portions grossies de *Eozoón Canadense.*

### GRÈS QUARTZEUX POUR VERRERIE

1. Vaudreuil.                    *Commission géologique.*
2. Williamstown.                 —
3. Pittsburg.                    *Alex. Cowan.*

Le grès n° 1 sert à la fabrication de verre à Hudson sur l'Ottawa. Le sable n° 3 provient de la disintégration d'un grès friable, qui appartient, comme les précédents, à la formation de Potsdam.

### JASPE

1. Hatley, III, 26.             *Commission géologique.*
2. Bruce Mines.                 —

Des couches ou amas intercalés d'un jaspe, n° 1, qui paraît n'être qu'une variété impure de silex et prend quelquefois l'aspect de la calcédoine, se rencontrent assez souvent dans le groupe de Québec associés aux bandes magnésiennes. Le n° 2 représente de fortes couches d'un conglomérat qui caractérise le terrain huronien sur le lac Huron. La source des cailloux roulés de jaspe que renferme ce conglomérat est jusqu'à présent inconnue, car on n'a trouvé nulle part dans les formations antérieures de couches de jaspe semblable.

### SEL

1. Goderich.                    *Goderich Salt Co.*

On a déjà signalé à la page 28, la découverte récente d'un dépôt de sel gemme à une profondeur d'environ 300 mètres, dans un puits foré à la recherche du pétrole. Ce puits fournit 3,000 litres par heure d'une eau saturée de sel, ayant une densité de 1,205, et donnant par l'analyse, pour 1,000 parties les résultats suivants :

| | |
|---|---:|
| Chlorure de sodium | 259,000 |
| — de calcium | 432 |
| — de magnésium | 254 |
| Sulfate de chaux | 1,882 |
| | 261,568 |

Un flacon de l'eau et deux échantillons du sel fabriqué à Goderich sont exposés. L'on commence déjà dans ce même voisinage, le forage d'autres puits à la recherche de cette couche salifère.

## TOURBE

**1. Bulstrode.**                                    *James Hodges.*

Les échantillons de tourbe exposés par M. Hodges sont préparés par un nouveau système, dans lequel un bateau porte un appareil qui sert à couper un canal navigable à travers le marais tourbeux et par un travail automatique prend la tourbe ainsi enlevée, la broie, la réduit à l'état de pâte, et l'étend sur la surface préparée de la tourbière à côté du canal, pour s'y dessécher. Cet appareil a pu, avec l'aide de six hommes, traiter environ 1,400 mètres cubes dans une journée de dix heures, donnant 500 quintaux métriques de tourbe desséchée, dont le prix de revient ne dépasse pas cinquante centimes le quintal. Ce nouveau système, inventé par M. Hodges, fonctionne déjà depuis plusieurs mois, et la tourbe ainsi préparée a été adoptée pour les locomotives du chemin de fer le Grand-Trunk du Canada, où elle a parfaitement réussi. Le Canada, qui est dépourvu de charbon minéral, renferme de grands marais tourbeux qui deviendront, par la suite, des ressources précieuses pour le pays.

|Paris.— Imprimerie Poitevin, rue Damiette, 2 et 4.

5912. — PARIS. — IMPRIMERIE POITEVIN, RUE DAMIETTE, 2 ET 4.

www.ingramcontent.com/pod-product-compliance
Ingram Content Group UK Ltd.
Pitfield, Milton Keynes, MK11 3LW, UK
UKHW022305120726
13694UKWH00003B/1253